ゾルゲ事件の正体

日米開戦とスパイ

孫崎 享

祥伝社文庫

『日米開戦へのスパイ』改題

はじめに

ゾルゲ事件では、有罪判決を受けた一九名のうち、二人が死刑を執行され、五人が獄死、そして一人が服役中危篤となり、仮釈放後に死亡しています（執行猶予二人、戦後に釈放九人）。

ゾルゲ　死刑（一九四四年十一月七日執行）
ヴケリッチ　無期懲役（一九四五年一月十三日、急性肺炎で獄死）
尾崎秀実（おざきほつみ）　死刑（一九四四年十一月七日執行）
宮城与徳（みやぎよとく）　未決拘留中、一九四三年八月二日獄死
水野成（みずのしげる）　懲役一三年（一九四五年三月二十二日獄死）
船越寿雄（ふなこしとしお）　懲役一〇年（一九四五年二月二十七日獄死）
河村好雄　未決拘留中、一九四二年十二月十五日獄死
北林トモ（きたばやし）　懲役五年（一九四五年一月服役中危篤、仮釈放後の二月九日病死）

ゾルゲ事件に関しては、多くの書籍が出され、評論が出て、映画化もされています。

ゾルゲは世界で最も知れ渡ったスパイの一人です。

「酒と女をこよなく愛したスパイ」、これがゾルゲ像の一つです。

一九四二年二月二十三日付、オット駐日大使発ドイツ宛電報には「ときおり、アルコール多飲の傾向あり」と報告されています（NHK取材班著『国際スパイ　ゾルゲの真実』一九九二年、角川書店）。

そしてゾルゲが愛した女性の一人が石井花子(いしいはなこ)です。一九三五年、銀座にあったドイツ人経営の酒場「ラインゴールド」でウエイトレスをしている時にゾルゲと出会いました。半年後には恋愛関係になり、一九四一年十月十六日のゾルゲ検挙の日まで、日本人妻として六年間をともに暮らしています。戦後は一九四九年に回想録『人間ゾルゲ』を出版（一九五六年に『愛のすべてを〈人間ゾルゲ〉』として再版）、ゾルゲの遺骨発見にも奔走し、一九五〇年、多磨(たま)霊園にゾルゲの墓を作り、一九五六年にはゾルゲの立派な墓碑も立てられました。

ですが、一書によると「本人が戦後ゾルゲの愛人であると名乗りを上げ」ていますが、もともとは三宅華子といい、ゾルゲの「第三の愛人」で、ゾルゲの検挙前に別れて別の男と結婚し、姓も石井に変わっているといいます（大橋秀雄(おおはしひでお)著『真相ゾルゲ事件』一九七七年、非売品)。

しかしゾルゲ事件には、ゾルゲの酒や女性関係を追いかけるより、はるかに重要な論点があるはずです。「ゾルゲ事件は果たして多くの関係者を処刑し、獄死させることを正当化できる事件であったのだろうか」――これが、最も問われなければならない論点です。ところが驚くべきことに、ゾルゲ事件を論ずる時、「ゾルゲ事件では、具体的にいかなる国益が侵されたか」「はたして極刑に値(あたい)したのか」という点が、ほとんど論じられていないのです。一人だけ明確に追及した人物(中西功(なかにしつとむ)氏)がいますが、この方については、後に詳しく述べます(356ページ)。

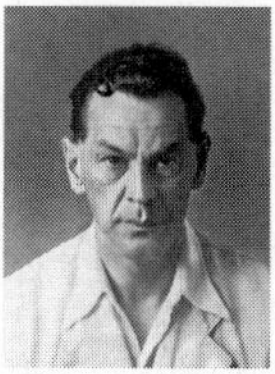
©共同通信社／amanaimages

◎**リヒアルト・ゾルゲ**(一八九五～一九四四)
諜報員。ソ連赤軍情報局(第四部、GRU)所属。バクー(現アゼルバイジャン共和国首都)出身。ドイツ人の父、ロシア人の母を持つ。一九一九年ドイツ共産党、その後ソ連共産党入党、コミンテルン本部機関員に。中国で「上海ゾルゲ諜報団」、東京で尾崎秀実らと「東京ゾルゲ諜報団(ラムゼイ機関)」を組織。公には「フランクフルター・ツァイトゥング」東京特派員。在日ドイツ大使私設情報顧問。四一年、日本の政治・軍事機密をソ連に通報した容疑で検挙され、四四年十一月七日処刑。

ゾルゲ事件は第二次大戦に突入する直前に起こった事件ですが、第二次大戦に突入する過程については、残念ながら東京裁判という連合国側に立った解明はありましたが、日本人自らによる解明は、なされてこなかったと思います。

「日本は真珠湾攻撃で戦争を仕掛け、三一〇万という膨大な死者を出しながら、戦争を開始した当時の権力者は、この戦争をどう決着させると国民に説明していたか」という一点に関しても、ほとんど考察してきませんでした。

そのことは、開戦直前に発生したゾルゲ事件がどのような歴史的意義を持つかを解明することなく、**「ゾルゲ事件」を作り出した内務省、検察の「ゾルゲ事件」像をそのまま、今日まで継承してきたことにも、通じるのではないでしょうか。**

ゾルゲはソ連のスパイでした。その通りです。

尾崎はソ連のスパイ、ゾルゲの協力者です。その通りです。

尾崎はゾルゲに情報を提供しました。その通りです。

しかし、そのことは、「ゾルゲや、尾崎が甚大な被害を日本に与えたこと」を意味しません。被害を与えていなければ、死刑などに値しないはずです。

❶ゾルゲが、尾崎などから、いかなる情報を得たか

❷その情報が、ソ連でどのように利用されたか
❸その結果、具体的にいかなる被害を日本に与えたか

の論点でゾルゲ事件を解明しようとする試みは、残念ながらほとんど行なわれてきませんでした。

多くの人に信じられてきた論点の一つに、「『日本はソ連を攻撃しない』というゾルゲ情報で、ソ連は極東軍を西部戦線に送ることが出来た」という説があります。それがゾルゲの最大の「業績」とされてきました。

しかし、それは事実ではありません。この本で、それが間違いであることを論証します。世界的に有名なスパイであるにもかかわらず、実際には「業績」でないものが、「業績」として世界的に流布されてきたのです。

私たちには、「ゾルゲ等は逮捕された。判決が出た。死刑になった。だから当然死刑に値する罪を犯しているだろう」という思い込みがあります。

私たちは「官憲は恣意的操作をする」と批判しますが、それでも多くの場合、「検察や裁判官は然るべき地位までいった人だから、それなりにしっかりした人だろう。そんな人

がとんでもないことをするはずがない」と思い込みがちです。

ゾルゲ事件は、この本を書くために調べてきた結論として、「関係者を死刑や無期懲役にできるような事件ではなかった」と自信を持って言うことができます。

極論すると、**ゾルゲ事件とは「『スパイ』という、ただその言葉だけによってもその人を葬るに足るような、ときがたい汚名をきせられ」た事件**（中西功著「尾崎秀実論」、『回想の尾崎秀実』一九七九年、勁草書房刊所収）**と言えるかもしれません。あわせて言えるのは、「スパイ」というレッテルが貼られると、何をしたかと関係なく、日本でもアメリカでもソ連でも、平気で人を物理的に、あるいは社会的に、抹殺できる怖さを持っていることです。**

この本ではその核心について論じてみたいと思います。

一つだけ、紹介しておきますと、「ゾルゲ、尾崎が死刑に値するか」について、意外な人物が、この核心に触れる言及をしています。

大橋秀雄という人です。

経歴を見てみます。

「大正十三年近衛野砲兵連隊入営、昭和三年陸軍砲兵少尉。同年警視庁巡査、十一年特別高等警察部（特高）外事課欧米係。十六年ゾルゲ事件の発覚により、主犯ゾルゲの取調官に任命され、自供を引き出す。十八年ゾルゲ事件の解決の功により、内務大臣功労記章を受章」

ゾルゲ事件で、ゾルゲの取調べに最も深く関与したのは、特高外事課の大橋秀雄と、ゾルゲ担当検事の吉河光貞(よしかわみつさだ)です。吉河光貞は、戦後米国議会でゾルゲ事件の追及がなされたので、ゾルゲ事件研究家の間では相当に研究されてきました。

しかし、大橋秀雄に焦点が当てられることは、あまりありませんでした。

大橋秀雄は、一九七七年十一月『真相ゾルゲ事件』を自費出版（一九八八年、オリジン出版センターより再刊）していますが、ゾルゲ事件関連本が紹介される時にも、この本への言及は、ほとんどありません。

彼は『真相ゾルゲ事件』のはしがきで、「ゾルゲ事件については、在職中T警視総監と

©共同通信社／amanaimages

◎**尾崎秀実**（おざき・ほつみ／一九〇一～四四）
評論家。東京帝国大学卒。一九二六年、朝日新聞社入社。上海特派員時代にゾルゲらと知り合う。朝日新聞社退社後、第一次近衛内閣嘱託など、近衛首相のブレーンを務める。三九年から南満洲鉄道調査部嘱託。四一年、「東京ゾルゲ諜報団」一員として検挙され、四四年十一月七日処刑。

退職後H警視総監の発表許可を得ている」と書いています。しかし、出版にあたっては、十数社から出版を断わられたとも述べています。不思議な話です。彼のはしがきでの記述が正確として、少し考えてみたいと思います。

ゾルゲ事件が戦後注目されるのは、一九四九年からです。その時から自費出版までの間で、TとHに該当するのは、田中栄一（在任一九四八〜五四年）と原文兵衛（在任一九六一〜六五年）です。二人の警視総監の同意は必要としませんから、在職中に田中栄一氏、そして時間をおいて原文兵衛氏の許可を得たとみられます。そうすると出版の意図を持ったのは二回、一回目は一九四八〜五四年の間、二回目は一九六一〜六五年の間です。

この当時、ゾルゲ事件について書かれた本は、尾崎秀実著『愛情はふる星のごとく』（一九四八年、世界評論社刊）、石井花子著『人間ゾルゲ』（一九四九年）や、ウィロビー著『赤色スパイ団の全貌―ゾルゲ事件』（一九五三年、東西南北社刊）などがあり、どれも爆発的に売れていました。さらに『愛情はふる星のごとく』は一九六〇年に光文社から再刊されています。

その一方で、ゾルゲ事件に最も関わった人の著作が、十数社から出版を断わられたのは、営業的な観点からでは、ありえない話です。もし文章や内容が固すぎるのであれば、編集者と相談して書き直すことは十分できるはずです。

『真相ゾルゲ事件』には、当局からして、「書いてはいけないこと」が書いてあったからに違いありません。

そう思って読むと、確かに次の記述がありました。

私はゾルゲに死刑の判決があるとは予想していなかったし、後に送致意見書を作成したとき情状の項に「相当の刑を科せられたく」と書いた処、上司は「その罪極めて重く極刑を科するの要あり」と全面的に訂正して送致した。**これは私としては相当に勇気のいる意見であったが、認められなかったばかりでなく、きついお叱りを受けたのである。**

もし、この本が田中栄一警視総監時代（一九四八～五四年）に世に出ていて、特高のゾルゲ主任取調官が、ゾルゲは「極刑を科するの要あり」ではなくて、「相当の刑を科せられたく」と判断していたことが知られていれば、その後の「ゾルゲ論」に影響を与えたはずです。

大橋秀雄氏が「第三の愛人」と切り捨てた石井花子氏の『人間ゾルゲ』（一九四九年）が

爆発的に売れつづけ（ゾルゲが如何に石井花子に言い寄ったか等を克明に描きましたから、この本は週刊誌的な面白さでは抜群です。文章も私にはとても書けない滑らかさです。たぶん相当達者なライターが助けたのではないかと思います）、さらに元連合国軍最高司令官総司令部参謀第二部（G2）のウィロビー部長の『赤色スパイ団の全貌―ゾルゲ事件』（一九五三年）も爆発的に売れている一方、特高のゾルゲ担当取調官の書いた『真相ゾルゲ事件』（一九七七年）は自費出版でしか世に出せなかったという日本の言論空間とは、何だったのでしょう。

私たちは、戦後日本は民主主義を享受してきたと思いがちですが、一九四〇年代後半から五〇年代初め、この時代、日本は既に「逆コース」の中に入り、軍事化と〝脱民主化〟が進んでいたのです。当然、出版物にも影響を与えていたのです。

江藤淳の本に、『閉された言語空間―占領軍の検閲と戦後日本』（文春文庫）があります。

「ゾルゲ事件」には事件が公にされた時から、「閉された言語空間」があるのです。私にとっては意外でしたが、戦後のこの時期、すでに、ゾルゲ事件を作り上げた「思想検事」が検察中枢を押さえているのです。ゾルゲ事件を直接担当した井本臺吉、布施健は、戦後は検事総長にまでなっているのです。そういう中で、「ゾルゲ事件には疑問あり」という声は当然出てきません。

「ゾルゲ事件」は世に歪んだ形で出てきました。幸い、大橋秀雄著『真相ゾルゲ事件』は自費出版にもかかわらず、現在、国会図書館にあります。

さて、私が「ゾルゲ事件を調べよう」と思ったのは、ずいぶんと昔、約四〇年前、外務省の分析課にいた時です。

一九七二年だったと思いますが、外務省はクラウス・メーネルトを招きました。メーネルトはソ連と中国を専門にして、当時世界の共産主義問題の一大権威でした。「彼から共産主義の知識を吸収したい」というのが招待の目的です。

メーネルトが「地方旅行したい」と言うので、入省後あまり時間の経っていない私が同行しました。

夜、一緒に酒を飲んでいると、彼は突然、思いがけないことを口にしました。

「実は、戦後、米国は、私のことを『真珠湾攻撃の父』と呼んだことがあるんです。私の父は帝国ロシアのお雇い将校でした。ロシア革命が起こり、母国ドイツに帰りました。

私は一九二〇年代、米国への最初の留学生となりました。ここから米国との関係が始まります。この縁で新渡戸稲造などと接点を持ちました。日本人が京都の俵屋旅館に招待してくれました。

ナチ時代、ドイツから米国に逃げ、一九三〇年代末、ハワイ大学の教授になりました。この時、私は、ハワイにおける米海軍の動向を徹底的に研究しました。「紅組」と「青組」に分けて、ハワイの攻防をする米海軍の演習を分析したりして、『ゲオポリテーク（地政学）』という雑誌に、『真珠湾攻撃をどこかの国（日本を念頭）が奇襲攻撃すればこの奇襲攻撃は成功する』と書いたのです。当時日本軍はドイツと密接な関係にありましたから、私は日本の軍部は必ずこの論文を読んでいたと思います。それがどのように日本軍部に影響を与えたかを知りたかったのです。

戦後、私のソ連や中国に関する本が爆発的に売れ、経済的に豊かだったので（孫崎注：彼は世界中からの莫大な印税を得て、ドイツの「黒い森」に豪邸を建てた。そのとき自分の家からの景観に送電線が入るのが嫌だったので、自分の費用でこの送電線を地下に埋めさせたという）、ドイツの学生に、『私が〝真珠湾攻撃の父〟であるか、否か、結論はどちらでもいいが、ちゃんと証明出来たら莫大な賞金を出す』と呼びかけたのです。残念ながら、いまだに、誰も応募してきていないのですが」

彼の真珠湾攻撃論は、私にとって衝撃的でした。

そして、しばらくして、メーネルトは突然、次のことも述べたのです。

「私、戦前、東京に行くと、ゾルゲの家に泊まっていたのです」

「真珠湾攻撃の父」と呼ばれて、何となく謎めき、ナチ時代、アメリカと強いパイプを持つメーネルトが、東京に行くとゾルゲの家に泊まる――私はこの時、ゾルゲ事件にはまだ解明されていない点が多くあると感じました。そして、その時、ぼんやりと、いつか『日米開戦の正体』と『ゾルゲ事件』を書こうと思ったのです。

二〇一四年、祥伝社と新しい本の刊行を相談した時に、私は『日米開戦とゾルゲ』を最初に提示しました。書きたかったのです。

しかし書き始めると、「日米開戦を語るにはやはり、どうしても日露戦争からの日本の政治の流れを書かなければいけない」と思い直して、方針を切り替えて『日米開戦の正体』を書きました。

つまり、「日米開戦」を語るには、夏目漱石が『それから』(一九〇九年著)で、「日本は西洋から借金でもしなければ、到底立ち行かない国だ。それでいて、一等国を以て任じている。そうして、無理にも一等国の仲間入りをしようとしている。だから、あらゆる方面に向って、奥行を削って、一等国だけの間口を張っちまった。なまじい張れるから、なお悲惨なものだ。牛と競争をする蛙と同じ事で、もう君、腹が裂けるよ」という状況を把握して、歴史の流れを書かなければならないと思いました。「忠臣蔵」の外伝に相当する「日米開戦とゾルゲ」を論じてもしょうがないと思ったのです。まずは「忠臣蔵」を書いて、次に「外伝」をと思いました。実は、今回ゾルゲ事件を勉強していく中で、ゾルゲ事件は「外伝」ではなくて、「日米開戦」の本筋と大きく関わっていることに到達したのです。

そして、今、再び、『日米開戦とゾルゲ』のテーマに戻ってきたのです。今、調べて書き始めたことは結果として、私がゾルゲ事件を一九七〇年代ではなくて、今、調べて書き始めたことは幸いだったと思います。

ゾルゲ事件に関しては、国際的に大きい反響を呼んだ事件ですから、一九七〇年代以降も、様々な本や、新しい事実の発掘が進みました。特に冷戦が終わってロシアで新しい資料の発掘が行なわれました。

たとえば、一九三七年頃、ゾルゲ情報の受け手、GRU（グルウ）（ソ連軍参謀本部情報部）関係者が、❶ゾルゲ情報の質は低い、❷ドイツ情報当局に偽情報を掴まされているおそれがある、とNKVD（内務人民委員部、スターリン政権下で刑事警察、秘密警察、国境警察、諜報機関を統括していた国家機関）に報告しているのです。

この時期ゾルゲがソ連に帰国していれば、ゾルゲが銃殺になる可能性が高く、ゾルゲはそれを充分認識しているのです。ゾルゲは彼が東京で勤務していた時、ソ連で「花形諜報員」として扱われていたわけではありません。逆に本部から、「ちゃんと仕事しろ」とお叱りの指示を、幾度となく受け取っているのです。

私は、今、ある程度の自信を持って、「ゾルゲ、尾崎は死刑に値しない。日本に甚大な害を与えていない」と述べることが出来ると思っています。

それがこの本の最も重要な論点です。

「じゃー、なんでゾルゲ事件が起こったのだ」となります。

まさに、「じゃー、なんでゾルゲ事件が起こったのだ」を解明することが、ゾルゲ事件を論ずる時の、最大の論点だと思います。

結論を先に記せば、ゾルゲ事件は、東條陸相の近衛首相追い落としと深く関係しています。しかし「東條陸相が近衛追い落としにゾルゲ事件を利用した」ということが世間に知られれば、東條の地位に影響しかねません。

だから、ゾルゲ事件の真相は隠蔽しなければなりません。いわば、目くらましのためです。

その一つに、尾崎秀実の逮捕の日時があります。

高い確率で、尾崎秀実逮捕は十月十四日です。

しかし、ゾルゲに関する本のほとんどは、逮捕は十五日と記載しています（残念ながら、獄中の尾崎秀実氏もそのように記載しました。獄に入れば、生きるか死ぬかは官憲次第です。官憲の心証を害しないように努力するのは自然です）。

十四日に逮捕か、十五日に逮捕か、一見大した違いはなさそうですが、大変に重要な意味合いを持っています。この解明は推理小説的な面白さを持っています。このことは後で詳しく論じます。

これまでの「ゾルゲ論」は、かなり歪められています。

これまでの「ゾルゲ論」には、戦前の特高・検察や、元連合国軍最高司令官総司令部参謀第二部（G2）部長のウィロビーや米国陸軍省が関与しています。

さらに、オックスフォード大学のセント・アントニース・カレッジ初代学長のディーキン、ストーリィも『ゾルゲ追跡』（邦訳は一九六七年、筑摩書房刊）という本を出版していますが、これも、特高・検察やウィロビーらの歪んだ「ゾルゲ事件」像を引きずっています。

日本では、共産党がゾルゲ事件に関する伊藤律（いとうりつ）の関与で見解を表明してきました。ここでも、戦前の検察やウィロビーらの歪んだ「ゾルゲ事件」像を引きずりました。

私の書くものは、こうした代表的な著作等の定説を覆（くつがえ）すものになります。

それは挑戦ですし、大変に知的な興奮を呼び起こすものです。

この知的興奮を読者の方と共有できればと思います。

これまでの通説を覆すのですから、細かいデータや論理を紹介する必要があります。読者の方々が数多くの詳細な証拠の提示を読むのは、ちょっとしんどいかもしれません。でもお付き合い下さい。きっと、「えっ、そうだったのか」という部分に出くわすはずです。そして、当局の情報操作の怖さを感じられると思います。

二〇一七年六月一日

孫崎（まごさき）　享（うける）

装丁 FROG KING STUDIO
カバー写真 ©共同通信社／amana images

本書では、読みやすさを考慮し、引用文中に、改行、句読点、文字遣い、振り仮名などを、著者が適宜補い、原書の記述内容を損なわない範囲で要約した箇所があります。また、外国語文献の邦訳からの引用では、原典を参照した場合に訳文を変更した場合もあります。著者注については、孫崎注と記しています。

［序章］

仏アバス通信社支局長のゾルゲ回顧

同時期、東京でゾルゲと記者仲間だったロベール・ギランは「生涯唯一度の怒り」をゾルゲに向けて爆発させました。

その彼はゾルゲをどう見ていたのでしょうか

一九三八年四月一日、一人のフランス人が日本に到着します。ロベール・ギラン。現在のフランスの通信社AFPの前身、アバス通信社の支局長としての赴任です。彼は着任早々、箱根・熱海に招待されます。招待主は、同盟通信社の社長岩永裕吉でした。


そしてギランは、最初の一週間で日本のすべてを見聞したような気になります。大庭園にもたとえられる緑したたる東京、礼儀正しい日本人、明るい色調の着物姿の若い女性たち、畳に座っての夕食、脚付き膳の上の皿は、料理というより静物画のよう。際限なく繰り返されるお辞儀。仕事の硬い雰囲気を柔らげるためにはべる芸者、水田と山道の間を行く旅、繊細で美しい風景、みかんの木々の下に広がる海を見下ろす熱海の壮麗な景色、そうした風景の上に君臨する帝王にも似た雪を頂く富士。

彼は日本という国は世界一うるわしい国であり、日本人は世界一素晴らしい国民であると認めなければならないと感じます。

当時の東京は今と違って、緑豊かな都市だったのです。

しかし、ロベール・ギランは、日本について同時に別の見方も持っていました。彼は一九三七年、アバス通信社の特派員として中国にわたっています。そこで見たものは、日本軍による上海事件から上海の占領、さらに南京の大虐殺。

彼が中国の地で日本人から得ていたイメージは、暴力と残虐性。

さらには、彼が中国で得た日本のイメージは、衰弱と悲惨の極にあった中国を侵略する国という忌むべきものでした。

日本という国は二つあるのであろうか、暗黒と光の二つの顔があるのであろうか、彼には日本は解けない謎の国に見えます。

一つの国に暗と明がある。それを理解してそれぞれの国とどう付き合うかは国際社会で生きていく上での主要テーマですが、一九三八年、来日したロベール・ギランは、それに気づいています。

戦前の日本は、明暗双方の濃い国だったのだろうと思います。私はかつて防衛大学校で教えていた時、大学図書館の蔵書を見て回ったのですが、なぜか戦前の「中央公論」誌が揃っていたのです。「こんな物が手に取って見られるんだ」と夢中になって読んだことがあるのですが、驚いたことに誌面は決して軍国一色ではないのです。一般の生活の継続と軍国主義化は、同時並行的に、あたかも独立しているように動いていたのです。それが怖いところかもしれません。

一九三八年に来日したロベール・ギランが感じた「日本には暗黒と光の二つの顔がある」という謎を解くのに貢献したのが、ヴケリッチです。

ヴケリッチはクロアチア出身、一九三三年に来日。一九三五年、水道橋の能楽堂で能を観劇した際に、当時津田英学塾（現・津田塾大学）の学生だった山崎淑子(やまさきよしこ)と知り合い、後、結婚するまでに日本社会に溶け込んでいました。ゾルゲ事件で逮捕されてから、妻淑子に、漢字かな交じりの日本語で手紙を送っています。

ヴケリッチは、日本を鋭く観察していました。

一九三三年以降、ユーゴスラビアの日刊紙「ポリティカ」に署名記事を現在判明しているだけで五六本寄稿し、その中で次のように記しています（『ブランコ・ヴケリッチ　日本からの手紙―ポリティカ紙掲載記事一九三三―一九四〇』山崎洋訳、二〇〇七年、未知谷刊）。

●日本人がアメリカ人のように働き、ドイツ人のように思索し、フランス人のように楽しむのは外国人には驚異だが、日本人自身はそういう多面性を自慢している。
●政府に対する軍部の強い影響や満州事変や国際連盟との紛争のせいで、日本では国民の広い層に愛国運動が起こった。
●全国民が戦闘的な民族主義運動に巻き込まれてゆく一方、帝国警察は、知識人や上層貴族の間に危険思想が広まっていることに憂慮している。

（以上、一九三三年五月二十一日付）

●チャーリー・チャップリンは、日本を知るには映画館が一番だと言ったことがあるが、まさにその通りだ。今日の日本には、社交ダンスと摩天楼と巡洋艦の近代日本と、中世の迷信や神秘主義や狂信的な英雄崇拝がまだ生きている伝統の日本という二つの日本が同居しているが、それと同じように、日本の映画館の演目も、現代物の社会劇や喜劇と、剣劇と呼ばれる時

©ユニフォトプレス

◎**ブランコ・ヴケリッチ**（一九〇四～四五）
諜報員。クロアチア出身。ユーゴスラビア人。ソ連軍事諜報機関より、一九三三年に日本へ派遣される。ユーゴスラビア紙「ポリティカ」やフランス・アバス通信社（現ＡＦＰ）の記者として活動する。四〇年一月、山崎淑子と結婚。四一年、ゾルゲ事件に連座して逮捕され、四四年四月に無期懲役確定。同年七月、網走刑務所服役。四五年一月、急性肺炎で獄死。

代劇の二つの部分から成る。

（一九三三年十月二十二日付）

ヴケリッチは「帝国警察は、知識人や上層貴族の間に危険思想が広まっていることに憂慮している」と記述しましたが、この懸念は、後にゾルゲ事件で無期懲役の判決を受け、一九四五年一月十三日、網走刑務所で獄死することによって、現実のものとなりました。

ギランは、ヴケリッチと三浦半島の保養地葉山に行きます。二人が日光浴している時に、三人の外国人が歩いていました。オット・ドイツ大使館武官、同夫人、そしてゾルゲです。

ヴケリッチはギランに、ゾルゲを「東京にいる外国人記者で腕利きと評判です」と説明します。

ヴケリッチの表の顔は、アバス通信社のギランの助手です。雇主のロベール・ギランはまだ知らないのですが、ヴケリッチの裏の顔として、このときすでに、スパイであるゾルゲの助手でもあったのです。

ロベール・ギランとゾルゲは同じ時期に、同じ東京で、同じ外国人特派員という立場で、同じ人物ヴケリッチを、片や公的に通信社の助手として、片やスパイの助手として使っているという関係です。

ロベール・ギランほど「ゾルゲ国際諜報団」の仲間を除いて、ゾルゲとヴケリッチを直接知っていた人はいなかったのではないでしょうか。ヴケリッチについては、ロベール・ギランは雇い主ですから、当然よく知っています。さらに、ゾルゲの内面をも垣間見た人間なのです。

ロベール・ギランは一九八〇年、日本の読者のために『回想のゾルゲ事件』（邦題『ゾルゲの時代』〈三保元訳、一九八〇年、中央公論社刊〉）を書きました。

ゾルゲ事件に関する書物は、基本的に❶ゾルゲを逮捕した官憲の説明とこの検閲の下で書かれたゾルゲや尾崎秀実の手記等か、❷冷戦時代に連合国軍最高司令官総司令部参謀第二部（G2）部長であったウィロビーの著書『赤色スパイ団の全貌―ゾルゲ事件』（福田太郎訳、一九五三年、東西南北社刊）を主要情報源にしています。

これら主要情報源をどう評価するかこそが本書の主題ですが、当然のことですが政治的目的で歪められています。政治的に歪められた物を基礎に論じても、その結果は歪められます。

ロベール・ギランには、政治的に事実を歪める動機はありません。それで、ゾルゲ事件を考えるのに、ドイツが開戦した直後の、ロベール・ギランの回顧から始めたいと思います。これまでゾルゲについて何らかのイメージを持っている人には、ゾルゲの違った像が見えるはずです。

一九三九年九月四日、英仏の宣戦布告の翌日、（中略）食事に行こうと思ってアバス支局を出ると、八階の廊下で、アバスの正面のオフィスから誰かが出てきた。ゾルゲだ。ゾルゲがちょうどその時ドイツの通信社ＤＮＢの支局事務所を出るところだった。（中略）

とにかく、ゾルゲとわたしは偶然、鉢合せをしてしまった。わたしはどちらかといえば落着いた性格で、冷いとさえいえるほうで、めったに怒ったりしない。だがこの日の朝は例外、また何と、ものすごい例外であった。わたしの生涯唯一度の怒りの爆発として記憶に残っている。ゾルゲのまえで怒りが爆発した。体中の血が沸きかえるような思いで、堰を切ったように、呪いと罵倒の言葉が口をついて出た。

「とうとうやったな、ドイツ野郎め、また始めやがって」と、わたしは叫んだ。「正体をあらわしたな、お前たちは火付け屋なんだ、血を見るのが好きな残酷無比な奴等なんだ。国内では自由を守る人々を殺害し、平和なときにもヨーロッパを食い物にしていたんだ。だがお前さん方の総統やお前さん自身もそれでは足りなくて、血を見るような戦争が必要だったんだ。またもう一度、隣り近所の国へ行って略奪と殺人をやらなきゃ気がすまないんだろう。盗人野郎、殺人鬼」。わたしはゾルゲの腕をつかんで迫った。ゾルゲは唖然として言葉もなかった。周囲のオフィスから、（略）日本人数人が出てきて、驚いてわたしたち二人を取り囲んでいたが、それでもわたしは続けた。「おい、ゾルゲ、この前の戦争で思い知らなかったのか。俺たちが散々にやっつけて罰した一九一八年を忘れたのか。それをまた俺たちの世代が繰り返そうというのかね。（中略）

ゾルゲ、わかってるだろうけど、今度の結末はこの前よりもずっとひどいことになるぞ。（中略）今度という今度はお前たちを歴史にない程完全にぶちのめしてやるから。世界中が、アメリカを始めとして、みんな俺たちの側につくんだ。今度はいいか、憐れみなんかないぞ。粉々に砕いて、ぐじゃぐじゃにつぶして、ソーセージ用の肉みたいにして、町にゃ家なんか一軒だって無くなるぞ。ドイツは廃墟と灰の砂漠になるんだ。（中略）」

ゾルゲは歩き出していた。（中略）わたしと彼といっしょにエレベーターに乗った。日本人が四、五人いっしょだったが、誰もいないかのように、私は呪い続け、ゾルゲは相変わらず黙ったまま、聞いていた。傷だらけの顔は蒼ざめて青い目を大きく見開いていた。一階に着いていっしょに出ると、西銀座に面した入口のところで立ち留ったゾルゲが、はじめて口を開いた。ややふるえる声をぐっと押え、思いもかけない言葉を口にした。「ギラン、いっしょに食事をしませんか。（中略）ゆっくり話がしたいので……」。

わたしはひどく驚いた。で、いっしょに行くことにした。五分後、わたしたちは西銀座の新橋寄りにあるローマイヤーの店にいた。（中略）地下室の階段の陰の観葉植物にかくれた席で、わたしはリヒアルト・ゾルゲと二人きりで食事をした。（中略）

目の前にいるのは百パーセントのナチ、オット大使の腹心、ドイツの愛国主義者だと、わたしは思っていた。それが、戦争の勃発について、わたし同様に、動転し、茫然自失している。「わたしは戦争を憎む。あらゆる戦争を憎む」と、彼はいった。第一次大戦当時二十二歳のゾルゲは三度にわたって負傷した。そしてその後一生涯、戦争を憎み続けることになった。一九一八年の講和後、ゾルゲはドイツ人とともに、飢えと悲惨な暮しを体験した。彼の口ぶりにはナチの影はみじんもなく、むしろ、あらゆる軍事的行動に参加することを拒否する徴兵忌避者のように、絶望的なまでに平和を愛する一人の人間が感じられた。わたしは彼の独白をただ聞いていた。おそらくわたしだけに聞こえるようにと思ったのだろう。わたしの方に軽く身を乗り出しながら、ゾルゲは低い声でつぶやくように心情を吐露し、まるで秘密を告白する男のようだった。青い目でじっとわたしの目をみつめていた。「男同士、記者同士として話したい」と、彼はいい、わたしが完全に秘密を守るであろうと確信している様子であった。

（中略）

一九一八年のドイツ敗戦以来、ゾルゲは生涯をかけて平和のために力をつくし、相互理解と生活向上のために働くことを自らの使命と定めた。記者としてのゾルゲは、その線にそってできる限りのことをした。ところがいままたすべてが戦争の渦に呑まれて崩壊しようとしている。（中略）

ゾルゲの印象は、一連の事件によって混乱し、苦悩にさいなまれている人間のそれであった。**総統の政治に同調できなくなったといっていたことは、彼の本当の上司であるスターリン、ヒトラーの提供した薄汚い取引き**（孫崎

注：一九三九年八月二十三日にドイツとソ連の間に締結された不可侵条約を指す。一九四一年六月二十二日、ナチス・ドイツがソ連に侵攻することで終焉）を**受け入れたスターリンの政治にも同調できないことを意味していたのではないかと、わたしは後になって思った。**（中略）わたしはただ啞然とするばかりで、予期せぬ招待の主について一体どう考えてよいのかわからなくなった。（中略）

　レストランの入口で別れ際に、こういったのを憶えている。「**もう二度とないと思いますが、**今日のように話してくれたことに感謝して、握手をして別れたいと思いますが……」。わたしは彼の手を握った。ゾルゲは数寄屋橋のほうへ去って行った。傷ついたライオンのあの顔に悲しい微笑みを浮かべて……。

ロベール・ギランが「生涯唯一度の怒りの爆発」をした相手がゾルゲです。ゾルゲの告白を聞いて、おそらく彼は一生涯、ゾルゲの正体を追い続けていくことになったと思います。

そして一つの結論は、「ゾルゲはヒトラーにも、スターリンにも忠誠を誓う人物ではない」という点です。それは、両方とも、表向きの顔と全く逆です。ゾルゲはヒトラーに対しては、忠実なナチ党員を装い、スターリンに対しては忠実な諜報員を装う。両者を裏切っているのです。

そしてロベール・ギランは、ゾルゲの行動指針は、「**あらゆる軍事的行動に参加することを拒否する徴兵忌避者のように、絶望的なまでに平和を愛する一人の人間**」であることにあるとみていました。

ギランは同書で、さらにゾルゲ事件についても、極めて重要な評価をしています。

> ゾルゲ自身についても不分明な部分がすべて解明され、事実がわかっているだろうか。そうではないと思う。ゾルゲ事件については非常に多量の出版物があるが、事件の隅々にまで完全に光を当てたとはいえないし、事件の全貌がわかっているわけではない。（中略）
>
> 欧米でも、事件関係の著書に描かれたゾルゲとそのグループ像はひどくゆがめられたものであった。とくに戦後、はじめて事件の詳細が公表された時点で公刊された著書にそれが著しい。
>
> アメリカでは当時、マッカーシー旋風が吹き荒れていたが、そのときウィ

ロビー大将が事件についての報告書を提出し、次いで、『上海陰謀団、ゾルゲ・スパイ網』と『ゾルゲ・ソ連スパイの巨峰』を出版した。（中略）

　これはマッカーシー活動の一端であり、米国にもおなじような状況がありうると暗に警告していたのだ。だが、ゾルゲ事件のこの種の描写はまったく事実に反する。

まず、〝ゾルゲ課報網〟があらゆる場に潜入した大規模な組織だとするのは論外のことだ。やや誇張していえば、この一連の事件にはゾルゲという唯一人のスパイがいただけだとさえいえるとわたしは思っている。課報網といわれるものなどなく、体制も組織も、まとまった形としてはなかったのではないだろうか。

ゾルゲ・グループといわれるのはおなじ信条を持つ仲間の集りであったといえる。

　これまでゾルゲ事件は、「ゾルゲ課報網」や「ゾルゲを中心とする国際課報団」といった組織を前提として描かれてきています。

　内務省警保局保安課による報告書「ゾルゲを中心とせる国際課報団事件」は課報機関員

一七名、非諜報機関員一八名の名を列挙しています。おどろおどろしい組織として提示されています。

しかし、「ゾルゲ・グループといわれるのはおなじ信条を持つ仲間の集り」程度のものでしか、ありませんでした。

ゾルゲは「ソ連のスパイであった」、それは事実です。

しかしゾルゲは、最も重要な情報を、ソ連軍部だけではなくて、後に言及するように、米国人記者ニューマンや、フランス人記者ギランにも提供しているのです。

なぜでしょうか。

その情報は、当然、駐日米国大使や駐日フランス大使に伝えられています。ゾルゲが「上海陰謀団」や「ゾルゲ国際諜報団」の一員として行動していたのだとしたら、また彼の目的が、ゾルゲ裁判の基調である世界の共産化にあるのだとしたら、ありえないことをゾルゲは行なっているのです。なぜでしょうか。

ゾルゲ事件を担当した検事は吉河光貞(よしかわみつさだ)です。彼は雑誌『法曹』一九七三年一月号掲載「吉河光貞元検事が語る『ゾルゲ事件』の真相(下)」において、次のように記述しています(『ゾルゲ事件関係外国語文献翻訳集31』二〇一一年、日露歴史研究センター事務局刊所収)。

ゾルゲは、尾崎にも宮城にも、本部がソ連共産党中央委員会であるということは言っていません。『アワー・ホーム』（我等の祖国）とか『モスクワ・センター』（モスクワ本部）という言葉しか言っていないのです。

ゾルゲは「ダイレクト・メンバー」（孫崎注：主たる構成員で、雇われている人ではないという意味）として登録されていると尾崎などに述べていますが、本当の雇い主を知らない「陰謀団」や「国際諜報団」などというものが、あるでしょうか。

「ゾルゲ事件」の解釈は、基本的に、❶ゾルゲや尾崎秀実らが逮捕され、その時の裁判時の関連文献と、❷ウィロビーの文献が支配してきました。おどろおどろしいものです。ゾルゲ「国際諜報団事件」の全体像を知るには、次の二つの文献が参考になると思います。

❶対日諜報機関関係被検挙者一覧表（「ゾルゲを中心とせる国際諜報団事件〈内務省警保局保安課〉」に添付）（『現代史資料1　ゾルゲ事件1』みすず書房刊）
❷国際共産党対日諜報機関及其諜報網一覧表（同前）

本書は、ロベール・ギランが『回想のゾルゲ事件』で示した「諜報網といわれるものなどなく、体制も組織も、まとまった形としてはなかったのではないだろうか。ゾルゲ・グループといわれるのはおなじ信条を持つ仲間の集りであったといえる」との認識を基準に考えています。

ウィロビーは、ゾルゲ・グループを「上海陰謀団」と呼びました。内務省警保局保安課は「国際諜報団」と位置付けています。

ロベール・ギランは当然、ウィロビーが「上海陰謀団」と位置付けたこと、そして内務省警保局保安課が「国際諜報団」と位置付けたことを承知の上で、一九八〇年に『回想のゾルゲ事件』を書いているのです。

［第一章］

近衛内閣瓦解とゾルゲ事件

ゾルゲ事件はスパイ事件としては極めて特異です。単にスパイが摘発されただけではなく、摘発当初は近衛首相の辞任、戦後は冷戦激化という時局の中で扱われた事件です。逆に言えば、政治的に利用することが眼目の事件です。そのことの理解が何より必要です

この章ではまず、近衛内閣の崩壊とゾルゲ事件の関係を見てみます。

(1)近衛首相辞任への動きとゾルゲ事件はほぼ同時進行的に進んでいます。

まずそれを俯瞰的に見てみます。

第二次大戦へ日本が突き進む道を見れば、重大な分岐点は、首相が近衛文麿から東條英機に替わった時です。

近衛文麿は一九四一年十月十六日に辞任しました。そして十月十八日、東條内閣が成立しました。

近衛文麿は「何としても戦争を回避したい」と思っていましたし、東條英機は近衛内閣時代、陸相として強硬に開戦を主張していましたから、東條内閣成立時、誰もがこれで「日本は戦争に行く」と判断しました。

近衛文麿内閣が続くか、東條内閣が成立するかは、日本が戦争に突入するか否かを左右する状況でした。まさに日本の運命を決める時（ないし時期）です。

この時に、ゾルゲ事件が起こっているのです。

そして、**このゾルゲ事件は、近衛内閣崩壊と関係しているらしいのです**。

まず、日米開戦とゾルゲ事件の関係を併記してみます**（47ページ図1）**。

尾崎秀実はながらく近衛首相のブレーンを務め、側近の一人と言われてきましたが、その尾崎秀実が逮捕されたのが、従来は十五日とされてきました。

◎**近衛文麿**（このえ・ふみまろ／一八九一～一九四五）
政治家。学習院から東大哲学科に進み、京大法科に転じる。内務省入省後、ベルサイユ講和会議に参加。一九三七年、第一次近衛内閣を組閣。軍部に押し切られ日中戦争に突入。四一年の第三次内閣では、東條陸相らの主戦論を抑えられず総辞職。戦後、戦犯に指名され服毒自殺。

それは尾崎秀実自身が「十五日逮捕された」と記述したためであり、それが定説になっています。

でも、どうも、実際は十四日に逮捕されたようです。

十四日逮捕説を強く唱えたのは『偽りの烙印―伊藤律・スパイ説の崩壊』（一九九三年、五月書房刊）の著者渡部富哉（わたべとみや）氏で、彼は戦後米国が持ち去ったゾルゲ事件の資料を入手して、丹念に読み解いたのです。

私は、彼の発見は極めて重大な意味を持っていると思い、「今度の本に使わせて下さい」と手紙を書きました。それに対して渡部氏から「今まで誰もさしたる関心を払ってくれず、嬉しいです」との返事をいただきました。多くの人にとっては、尾崎が十四日に逮捕されようが、十五日に逮捕されようが、さしたる意味合いを持たれることなく、渡部氏の主張も「十四日に逮捕されたと言う人がいるのだな」という程度にしか、受け止められてきませんでした。

しかし、この一日のずれは、極めて大きい意味合いを持ちます。

一九四一年秋、日米開戦を巡り、近衛首相と東條陸相の対立は深刻でした。早晩近衛内閣は崩壊すると、誰もが考えていました。

〈図１〉近衛失脚とゾルゲ事件関係者の逮捕

年月	日米開戦への動き	ゾルゲ関係
1936年(昭和11年) 12月		北林トモ帰国 特高、北林トモ監視
1939年 11月11日		伊藤律逮捕
1940年 春		伊藤の調べ行き詰まり
8月 9月		伊藤律、北林トモに言及 伊藤、仮釈放 **外事課、北林を1年捜査するが、何もなし**
暮れ頃		特高、尾崎を内偵
1941年 春頃		軍部、特高に尾崎をやれと指示(宮下談)
7月2日	御前会議(南方侵攻、対ソ連様子見)	
9月6日	御前会議(日米交渉妥結ない場合は戦争を決定)	
9月11日		伊藤律再逮捕
9月29日		北林トモ検挙
10月10日		宮城与徳検挙
10月12日	**「荻外荘五相会議」** **近衛首相と東條の対立** **但し暫定合意成立** 東條の側近憲兵司令部本部長が木戸内相を訪問(東條を首相にするよう脅迫?)	
10月14日	定例会議 豊田外相と東條の対立 会議前に**近衛首相と東條の対立** **近衛首相辞意固める**(東條の側近佐藤賢了軍務課長判断)	**早朝、尾崎秀実拘留(新たな主張)**
同日夜	**鈴木企画院総裁、近衛を訪問し、近衛辞任後の後継を協議**	
10月15日	**近衛首相辞意を伝える**	**尾崎秀実検挙(公的発表、通説)**
16日	**近衛内閣総辞職** **早朝から新内閣模索の動き**	
10月18日	東條内閣成立	ゾルゲ検挙

しかし、それにしても、近衛首相が十月十六日に辞任したのは、多くの人の予想と異なり、突然でした。

日本と交渉を行なっていた米国は、当時の近衛首相の立場を熟知しています。当時の駐日米国大使グルーは、当時の日本の政治情報に最も精通していた人物ですが、『滞日十年』（一九四八年、毎日新聞社刊）の中で、次のように述べています。

「早晩近衛内閣の瓦解を来すことはほとんど確実だろうとは思っていたが、こんなに早く来ようとは期待（ママ）していなかった」

近衛内閣は首相と陸相が対立して、内閣不統一で崩壊したとしても、陸軍大臣を更迭して新たな近衛内閣を作るという選択もありました。この点は東久邇稔彦（ひがしくになるひこ）著『一皇族の戦争日記』（一九五七年、日本週報社刊）の中で、東久邇宮は、相談にきた近衛首相に「陸軍大臣の後任については私も尽力する」と言い、近衛首相は勇気づけられ「それでは第四次内閣を作ってやってみます」と述べたと書かれています。

したがって、❶時期的に見ても、❷第三次近衛内閣の後任にしても、近衛首相が東條陸相に負けた形で辞任する必要はなかったのです。

(2)近衛内閣崩壊の後、軍関係者は、東條が首相になるとは予測していなかったことは、極めて重要な点です。

瀬島龍三（せじまりゅうぞう）という人物がいます。戦後史の中で、謎の多い人物です。第二次大戦後、伊藤忠商事の会長を務め、中曽根（なかそね）政権（一九八二～八七年）のブレーンとして活躍しました。もともとは軍人で、日米開戦直前の一九四一年七月に大本営陸軍部第一部第二課作戦班班長補佐になっています。軍の中枢にいた人物です。

彼は著書『大東亜戦争の実相』（一九九八年、PHP研究所刊）の中で、「**東條中将――十八日大将に進級――に組閣の大命が下ったことは、**本人及び**陸軍にとってはもとより、一般にも極めて意外でありました**」と記述しています。「本人」というところは疑問がありますが、当時の陸軍の空気を反映しているとみられます。戦前、軍人が首相になる例は多

©国立国会図書館蔵

◎**東條英機**（とうじょう・ひでき／一八八四～一九四八）陸軍軍人、政治家。陸軍大学校卒業後、スイス、ドイツに駐在。関東軍参謀長、陸軍次官を経て陸軍大臣。対英米開戦を主張する。一九四一年十月、陸相と内相兼任で首相となり、日米開戦を決定。東京裁判でA級戦犯とされ絞首刑。

数ありますが、いずれも首相就任時は、大将の地位に就いています。中将から首相というのは異例です。

さらに、服部卓四郎(はっとりたくしろう)という人がいます。戦後、GHQ参謀第二部（G2）部長ウィロビーの下で「服部機関」を作り、自衛隊の前身、警察予備隊が作られた時には、ウィロビーから幕僚長に推薦された人物です。戦前は日本を米国と戦う方向に持って行く中心にいた人物が、戦後の占領下で占領軍の中心人物にすりよる、残念ながらこれが日本の一面です。

彼は一九四一年七月、陸軍作戦課長に就任しており、文字通り陸軍の中枢中の中枢にいた人物です。その彼の著作『大東亜戦争全史 第1巻』（一九五三年、鱒書房刊）には、「統帥部は如何なる内閣が出現しても、開戦已(や)むなき結論に到達するものと考えていたが、和平を前提とする内閣の出現により、軍事上の要請が全く無視されるが如き事態の発展を憂慮した」と述べられています。

つまり服部も、「和平を前提とする内閣の出現」を憂慮はしても、開戦を主張する東條内閣の誕生を予想していません。

軍務局は軍政を管轄するとともに省の政策形成及び兵員・予算を獲得することが最も重

要な役目であり、軍務局長は大臣・次官に次いで政治折衝の中心的な地位にあったとみられています。

佐藤賢了（さとうけんりょう）は一九四一年三月一日、その軍務局軍務課長に就任した人物です。

彼は著書『東條英機と太平洋戦争』（一九六〇年、文藝春秋社刊）の中で、「**東條さんに大命が下る筈がないと思った。実際当時、東條に首相の資格があると考えている者はなかった。**しかるに組閣の大命は、意外にも東條英機に降下した」と記述しています。

陸軍の中枢にいる人物が「組閣の大命は、意外にも東條英機に降下した」と述べているのです。

さらに海軍関係者の見解も見てみたいと思います。

岡敬純（おかたかずみ）（海軍軍務局長）は、東京裁判で、次の口述書を提出しています。

「及川（おいかわ）大臣が近衛公より後継内閣は東久邇宮になるべしと聞き来り殿下が如何なる日米交渉に関し有されておるかを案じ居りし際、**突然東條陸軍大臣に大命降下せりとの報に接し海軍としては寝耳に水にして大臣始め一同真に驚きたる至大なり**。

余は当時の陸軍大臣が首相となるにおいては日米交渉の前途は益々困難を増大するにあらずや。奏請者たる重臣達は対米交渉を如何に考え居るや。その意の存する所真に了解に苦しむ」

田中隆吉（開戦時の陸軍省兵務局長）の『裁かれる歴史―敗戦秘話』（一九四八年、新風社刊）は、次のとおり記しています。

私は昭和十九年秋、木戸氏と内大臣官舎に於て面談したとき、東條氏推薦の理由を質した。木戸氏は答へて、

「東條ならば陸軍を統制して必ず日米の妥協を実現すると信じたからだ」

と言った。私は

「貴方は東條が陸軍部内において武藤よりも佐藤よりも換言すれば何人にも増して対米強硬論者であることを知って居たか」

と問うた。木戸氏は

「強硬論者であることは知って居た」

と答えた。私は更に

「然らば何が故にこの強硬論者を総理に奉請したのか」

と重ねて問うた。木戸氏は

「私の最も恐れたのは東條以外の人を総理にして日米の妥協を図る場合に陸軍が内乱を起すことであった」

と答えた。

天皇の側近である内大臣木戸幸一（こういち）が述べた「東條以外の人を総理にして日米の妥協を図る場合に陸軍が内乱を起す」ということが、本当に起こりえたのでしょうか。

ここで、当時の陸軍、海軍の空気を見ると、むしろ東條陸相に組閣の命令が出たことに驚いています。東條を首相にしなければ軍が反乱を起こすという事態ではありません。

少なくとも言えることは、**近衛内閣を倒し、東條内閣が出来たことには、異例の力が働いていたということです。**この異例な力が何かを見極めることが、極めて重要です。

陸軍海軍を含め、誰もが東條が首相になるとは予想しない中で、東條が首相になりました

第三次近衛内閣が崩壊するであろうということは、多くの人が予測していました。

しかし、そんなに、急に崩壊し、かつ後任が東條陸相になるとは、多くの人は予測していませんでした。

第三次近衛内閣の後継には、❶近衛自身が東條を除外して第四次内閣を組閣する、❷東久邇宮がなる、❸その他の人がなる等、いくつかの選択肢がありました。

この、実に際どいタイミングで、ゾルゲ事件が起こっているのです。逮捕された尾崎秀実は、近衛首相の側近とみられていました。したがって、「近衛首相の辞任はゾルゲ事件、つまり尾崎秀実の逮捕と関係があるのでないか」との推測は、近衛首相の辞任の唐突さや、尾崎秀実と近衛文麿の関係を考えると、当然考えられるシナリオです。でも不思議と、この分野の見解はあまり見かけません。

ただ、「近衛首相の辞任はゾルゲ事件、つまり尾崎秀実の逮捕と関係があるのでないか」という視点に着目して、もう一度丹念に文献を読んでみますと、意外なことに、かなりの人がこの疑念を断片的に述べているのです。

❶日本近現代史研究者、保阪正康（ほさかまさやす）氏は『東條英機と天皇の時代』『陸軍省軍務局と日米開戦』『昭和陸軍の研究』などの著作のある昭和史研究の大家ですが、彼は『昭和史七つの謎 Ｐａｒｔ２』（二〇〇五年、講談社文庫）の中で、次の記述をしています。

大胆な仮説をいえば、第三次近衛内閣はゾルゲ事件によって脅かされ、内

閣を投げだしたのではなかったか、ということである。誰によってか。むろん陸軍の政治将校によってである。

保阪正康氏は慎重です。「近衛内閣はゾルゲ事件によって脅かされ、内閣を投げだしたのではないか」と核心をついていますが、「大胆な仮説」ということで、ガードをしています。

❷ソ連時代、ソ連で出版された本に、「東條陸相が尾崎秀実逮捕に最も積極的であった」と書かれています。

ゾルゲ事件の研究は、様々な国で行なわれています。最も盛んな国がソ連（ロシア）でした。ソ連は一九六四年十一月五日に、ゾルゲに「ソ連邦英雄勲章」を授与しています。

マリヤ・コレスニコワ、ミハイル・コレスニコフ共著『リヒアルト・ゾルゲ―悲劇の諜報員』（一九七三年、朝日新聞社刊）では、次のように記述しています。

（尾崎の逮捕に触れ）十月十五日、上目黒の尾崎の家の前で、玉沢検事、中村特高第一課長、特高課員数名をのせた警察の自動車がとまった。つい一週間前に、尾崎は外国の新聞記者リヒアルト・ゾルゲと秘密につきあっていたことがはっきりしたのであった。

尾崎の逮捕については、内相、法相、検事総長などが相談したが、結局、東條陸相の意見が大きくものを言った。

東條は独裁的支配者になることを考えていたので、この事件を自分の競争相手の近衛を蹴落すのに役立つものと判断したのであった。**近衛首相の友達尾崎が、外国、多分、アメリカのスパイと関係していることが明らかになれば、近衛内閣の命取りになることは確実だからであった。**

陸相東條は、アメリカに対して直ちに戦うことを考えている侵略的グループのリーダー格であった。だが、近衛は対米戦争に乗り気でなく、際限のない日・米交渉を行なっていた。

防諜機関の責任者が陸相に報告し、どこか外国のスパイ網が日本に存在し、これには、内閣嘱託の尾崎、ドイツの新聞記者ゾルゲ、ドイツの商人クラウゼン、フランスのアバス通信の記者ヴーケリッチ、ならびに画家の宮城などが関係していること、外国への送信箇所はゾルゲ、ヴーケリッチ、およびクラウゼンの家であることを述べた。

陸相にとっては、この報告に多少の間違いがあるかどうかは問題ではなかった。彼は容疑外国人を直ちに逮捕するように指示した。

「尾崎の逮捕については、内相、法相、検事総長などが相談した」とあるので、内相、法相、検事総長が誰であるかを見てみます。

いずれも一九四一年七月十八日、第三次近衛内閣で任命されています。

内務大臣は田辺治通です。もともと逓信官僚です。

司法大臣は岩村通世です。一九四〇年、検事総長を拝命。翌年七月の第三次近衛内閣の成立で、司法大臣に任命されました。その後の東條内閣でも留任していますから、東條との関係は極めて良好とみられます。

検事総長は松阪広政です。経歴を見てみたいと思います。

まず東京帝大を出て、司法省に入省。一九二七年十月、一般検察実務から独立した思想問題専従の特別部として「思想専門」（通称、思想部）が東京地方裁判所検事局に設けられると、次席検事として同局検事正塩野季彦を支え、平田勲思想部長のもと、三・一五事件、四・一六事件などの実質的指揮を執り、思想・言論を対象とした治安維持法の適用に関わります。

一九四一年、近衛内閣の時に検事総長となり、東條内閣成立でも、そのまま留任しています。一九四三年、東條英機の命により〝反東條〟で知られる中野正剛（なかのせいごう）の強引な逮捕にも協力し、一九四四年から終戦までは司法大臣を務めました。戦後は当初A級戦犯に指名されますが、のちに釈放されています。

このように、もっぱら思想弾圧を行なってきた検事であり、一説では「中野正剛を自殺に追い込んだ者の一人」とされるくらいですから、スパイ逮捕には最も積極的だったでしょう。かつ東條英機と近い関係にあったようです。

ゾルゲ事件が明るみに出たときも、検事総長の任にありました。

東條内閣が発足した際には、司法大臣、検事総長がそのまま留任しており、このことは、近衛内閣でも、東條寄りの立場をとっていた人物が多数いたとみていいと思います。

近衛内閣の崩壊とゾルゲ事件の摘発とは、あまりにも同じ時期に起こっています。そして「ゾルゲ・スパイ団」の最も有力な日本人は、近衛首相に近いとされた尾崎秀実です。であるなら、「第三次近衛内閣はゾルゲ事件によって脅かされ、内閣を投げだしたのではなかったか」とは、普通、最初に考える事だと思います。

多くのゾルゲ解説本が出ています。しかし、東條陸相と近衛首相の対立と、ゾルゲ事件を結びつけて考えたものは、ほとんどありません。

なぜなのでしょうか。

保阪正康氏の言う「大胆な仮説を言えば、第三次近衛内閣はゾルゲ事件によって脅かされ、内閣を投げだしたのではなかったかということである。誰によってか。むろん陸軍の政治将校によってである」を追求した本は、ほとんどありません。

ましてをや、「尾崎の逮捕については、内相、法相、検事総長などが相談した」とか「東條は独裁的支配者になることを考えていたので、この事件を自分の競争相手の近衛を蹴落すのに役立つものと判断したのであった」との記述を裏付ける歴史的事実は、日本ではほとんど示されていません。

マリヤ・コレスニコワは、単に、空想で書いたのでしょうか。

杉本幹夫氏は雑誌『歴史と教育』（二〇〇六年十一月号）の「ゾルゲ事件と大東亜戦争」の論評の中で、「武藤軍務局長は尾崎の逮捕に反対であった。東條は近衛追い落としのため逮捕を主張したといわれる」と記述しています。残念ながら、その根拠となる事実は特に示されていません。

❸ゾルゲ事件の担当検事は一九五一年米国議会委員会で、「近衛内閣は、（尾崎逮捕で）

苦境においやられ、とどのつまり総辞職いたしました」と証言しています

『米国公文書 ゾルゲ事件資料集』（二〇〇七年、社会評論社刊）は、一九五一年八月、吉河光貞検事が米国下院非米活動調査委員会で行なった証言を掲載しています。吉河光貞は、東京地方裁判所時代には主任検事としてゾルゲ事件の捜査に参加、ゾルゲを取り調べました。戦後は一九四八年に設置された法務庁特別審査局（後の公安調査庁）の初代局長、一九六四年公安調査庁長官に就任した人物です。

私は尾崎を目黒警察署で取り調べ、彼は即日自供いたしました。（略）取り調べに基づき、当時、我々は外国人を逮捕すべしとの結論に到達しました。近衛内閣は、苦境に追いやられ、とどのつまり総辞職いたしました。

担当検事吉河光貞は、米国議会では、「近衛内閣は、苦境においやられ、とどのつまり総辞職いたしました」と、近衛内閣崩壊と、ゾルゲ事件の発覚とを結び付けているのです。

❹森正蔵（もりしょうぞう）（戦争前後の新聞記者）は一九四六年、「尾崎事件は近衛内閣を倒して日米開戦

に導こうとする軍国主義者達のうった手と見られないだろうか」と記述しています。

まず、森正蔵氏の論に当たる前に、森正蔵氏がいかなる人物かを見ておきたいと思います。

一九二四年、東京外国語学校を卒業、二年後に大阪毎日新聞社に入社。大阪毎日新聞ではハルピン・奉天特派員を経てソ連特派員としてモスクワに駐在。帰国後、大阪本社外信部ロシア課長になり、当時の新聞界において有数のソ連通と言われた人物です。

一九四五年、終戦後に毎日新聞（一九四三年、東京日日新聞と大阪毎日新聞が題号統一）東京本社社会部長・出版局長等を歴任し、一九五〇年、取締役に就任し論説委員長となっていますから、ジャーナリストとしては高い評価を受けた人物です。

ソ連の事情にも詳しく、犯罪を扱う社会部にも在籍していた彼が、次のように述べています（森正蔵著『風雪の碑』一九四六年九月、鱒書房刊）。

- ●ゾルゲ事件ほど、当時のわが国朝野（ちょうや）に衝動を与えた事件はない。
- ●「尾崎が逮捕されてから二日後に近衛内閣は瓦解し、東條内閣が代って登場した。尾崎事件は近衛内閣を倒して日米開戦に導こうとする軍国主義者達のうった手と見られないだろうか、ということである。両者は単なる偶然であったかも知れない。しかし、尾崎事件――近衛内閣総辞職に軍国主義者達の大きな政治的力が働きかけたであろうことは想像に難くない」

❺近衛首相に近い「昭和研究会」のメンバーも「謀略」を疑っています。

近衛文麿の私的ブレーントラスト（政策研究団体）であった「昭和研究会」の人々も「東條が仕掛けた謀略でないか」とみています。

メンバーの一人だった酒井三郎（大日本青年団に所属）は著書『昭和研究会―ある知識人集団の軌跡』（一九七九年、ティビーエス・ブリタニカ刊）の中で、次のように記述しています。

「検挙されたことをきいて、私たちが集まった時に、これは近衛内閣打倒の軍や反対派の謀略ではないかとか（中略）さまざまな見方があった」

「戦後、佐々弘雄（孫崎注：美濃部達吉と吉野作造の薫陶を受け、法学者・政治学者として将来を嘱望されるも、一九二八年九大事件で共産主義者との嫌疑により大学追放。一九三四年東京朝日新聞社に入社して論説委員、『昭和研究会』に参加、同じ朝日新聞論説委員の笠信太郎、記者の尾崎秀実らとともに中心メンバーの一人となる。戦後、東大安田講堂事件、よど号ハイジャック事件、あさま山荘事件などに関与した警察官僚の佐々淳行（あつゆき）氏は、その子息）が死去して（孫崎注：一九四八年十月九日）、そのお通夜に昭和研究会の関係者が十五、六人、一つの部屋に集まった。佐々に対する追憶談が、いつの間にか尾崎論に変わっていった。（中略）

その場にいたほぼ四分の一のものは、謀略の犠牲者だと言い、三分の一は半信半疑であると言い、また残りの人びとは確信をもって、彼は革命のためにスパイ活動を行なっていたのだ、と語った」

尾崎秀実や近衛首相に近い人々はまず、謀略を疑ったのです。

尾崎が「革命のためにスパイ活動を行なっていた」と言う人が相当いますが、ゾルゲ事件での発覚前に、尾崎が共産主義者（共感はしてますが）であると見ていた人は、ほとんどいません。

❻保阪正康氏の説をさらに見てみたいと思います。保阪正康氏は、前掲の『昭和史七つの謎　Ｐａｒｔ２』の中で、次の記述をしています。

ゾルゲ事件の逮捕取り調べにあたったのは、警視庁の特高課と外事課である。（中略）

憲兵隊はゾルゲグループをまったくマークしていなかったのか。憲兵隊員の戦友会ともいうべき組織憲友会は、昭和五十一年八月に『憲兵正史』という千五百ページに及ぶ大部の書を刊行している。この書の記述によれば、銀座の数寄屋橋際にローマイヤーというドイツ人経営のレストランがあり、そこに日独の友好を隠れみのにして、ソ連のスパイ組織がある、と東京憲兵隊の外事課はマークしていたという。

ゾルゲもマークされていた一人だったが、ドイツ大使館のゲシュタポであるマイジンガー大佐（彼はゲシュタポ本部からゾルゲを監視するために送られてきたが、ゾルゲの弁舌や人なつこさに打たれ友人となっている）は、「ゾルゲが絶対に問題のない人物である」と保証したために、ゾルゲの尾行は中止したと書いている（昭和十六年春と思われる）。

こうした報告は、当然のことだが兵務局長の田中隆吉や陸相の東條英機にも届いていたはずだ。（中略）

　田中は昭和二十年暮れから二十一年にかけて何冊かの日本の軍国主義批判の書を刊行している。そのひとつ、『日本軍閥暗闘史』には、**東條は近衛にかわって組閣するために配下の者を使って重臣に威圧をかけたと書いている。**

「憲兵司令部本部長加藤泊治郎（かとうはくじろう）も
同郷の先輩木戸内相を訪れて、
東條を総理大臣とするに非ざれば、陸軍の統制困難なり
との憲兵情報を提供し
半ば脅迫的に木戸氏の決意を促した」

『木戸幸一日記』（一九六六年、東京大学出版会刊）によれば、加藤が木戸を訪れたのは「十月十二日（日）であり、「四時半加藤（泊治郎）少将来邸、憲兵側より見たる政治情勢の話ありたり」とあります。

　憲兵司令部本部長加藤泊治郎の訪問は、二時間から三時間に及んだようです。「憲兵側より見たる政治情勢」の報告です。

ゾルゲ事件では、すでに九月二十九日に北林トモ検挙、十月十日には宮城与徳が検挙されています。この時期すでに尾崎への疑惑があります。当然、ゾルゲ事件と近衛について言及されたものとみられます。

東條は、実は憲兵隊と深い関係を持っているのです。軍の正統派ではない部門で拠点を築いたのが、東條です。

東條は昭和十年九月に関東軍憲兵司令官に就任しましたが、それ以降、満州国の軍人や民間人の動向について、監視を強めるよう部下に命じています。

昭和十三年五月から十二月まで陸軍次官として日本に戻った時に、反陸軍と思われる三〇人余のリスト（要監視人リスト）を作り、その行動を監視する策を進めていました。元駐英大使の吉田茂を始め、近衛内閣の要人はすべて行動を監視されていたことがわかっています。東條の「憲兵隊好き」は軍内ではよく知られていました。

憲兵司令部本部長加藤泊治郎は、一貫して東條の忠実な部下でした。この加藤がゾルゲ事件の全貌まで確認していたか否かは不明ですが、ゾルゲ事件は軍に深く関係しますから、尾崎逮捕直前には、特高と憲兵隊の間での意見交換があると推定するのが普通です。

ここで尾崎秀実がいつ逮捕されたかが
極めて重要な意味を持ちます

ゾルゲ事件を知り、近衛首相の辞任を知る者は、「東條が近衛側近と言われる尾崎秀実のスパイ容疑で近衛を脅かしたのではないか」と考えます。

ところが、これには問題があるのです。

近衛首相と東條が激しく対立したのは、十月十四日です。

もう一度動きを見てみます。

	日米開戦関係	ゾルゲ関係
十月十四日	定例会議 豊田外相と東條の対立 会議前に近衛首相と東條の対立 近衛首相辞意固める（佐藤賢了判断）	早朝、尾崎秀実拘留（新たな主張）
夜	東條側近・鈴木企画院総裁、 近衛を訪問し、近衛辞任後を協議	

十月十五日　近衛首相辞意を周辺に伝える　尾崎秀実検挙（公的発表、通説）
　十六日　近衛内閣総辞職

近衛首相が辞職の意向を固めるのは十月十五日です。ただし、十四日の段階で、近衛首相は東條陸相と個別に会ってここで圧倒され、同日の閣議では沈黙します。そして、東條の側近、佐藤賢了軍務課長がこの日に「近衛首相は辞意を決めた」と判断していますし、同じく東條陸相の側近、鈴木企画院総裁が近衛首相を訪れ、近衛辞任後の体制を協議しています。

ここで、尾崎が十四日に検挙されたか、十五日に検挙されたかは、大変に重要な意味合いを持ちます。ちなみに、いずれにしても、逮捕が早朝に行なわれ、その後尋問が行なわれたという流れには何の異論も示されていません。

通説では、尾崎秀実が検挙されるのは十五日早朝、そして自供するのは十五日夕方から夜半です。これだと、尾崎秀実の検挙は、近衛の辞任とはそう関係がありません。尾崎が検挙されたのは、近衛が辞任を決意した翌日ということになります。

しかし、十四日早朝に尾崎が検挙されたとなると様相は全く異なります。つまり、次の筋書きが成り立ちます。

❶十四日、尾崎検挙
❷東條は、尾崎検挙を知って、近衛と二人で会談
❸十四日夕、尾崎はゾルゲとの関係を自供
❹十四日夜、鈴木企画院総裁はこの情報を持って、近衛と談判
❺十四日、近衛は辞任を決める

ここで、「ソ連のスパイを側近として重用した」となると、近衛内閣は持たなくなることを考えてみたいと思います。

ゾルゲ等の逮捕については一九四二年五月十六日に「国際諜報団事件」として世間に発表されますが、この時ですら、枢密院顧問官三土忠造（孫崎注：大蔵大臣、逓信大臣を歴任した戦前政界の重鎮）は「近衛公としては是等の人を重く採り入れ用いた事は、真に重大なる責任があるのではないかと見て居る」と言い、末永一三・大正製麻社長は「近衛公まで行かなければならない筈のもの」と言っています。

この時期の「反共」の勢いは、極めて強いものがあります。

一九三七年に「国際反共連盟」が設立されています。近衛は、平沼騏一郎（元首相、保守・右派勢力の中心人物）、頭山満（玄洋社の総帥。日本における民間の国家主義運動の草分け的存在）、田中光顕（土佐藩出身の中岡慎太郎によって組織された討幕集団「陸援隊」の一員、坂本龍馬と中岡慎太郎が殺害された近江屋事件後、副隊長として同隊を率いる）、有馬良橘（明治天皇の侍従武官を務め、東郷平八郎が没した際は葬儀委員長、晩年は明治神宮宮司）と共に顧問になっていますから、「近衛首相の側近がソ連のスパイと通じていた」では、近衛内閣が持ちません。

逆に言うと、それだけ重要な日時ですから、世論操作上、尾崎逮捕の日を実際の逮捕の日より一日遅らせておく必要があります。

近衛が辞任の日に尾崎逮捕ならば、両者の因果関係は希薄になります。

それで、これまで、ほとんどすべて「尾崎の逮捕は十五日」で語られてきました。しかし、三人の人が逮捕は十四日と主張しています。この点についてはこの後、見ていきます。

昭和十六年十月十六日、近衛は正式に辞任しました。

「九月六日の御前会議の決定を実行することが出来なかった」というのが表向きの理由です。だが、「あえてそれを前面に出すことで、東條から示された憲兵隊のデータと、尾崎の逮捕による〝近衛人脈にスパイがいる〟いう脅しに屈したことを糊塗したのではなかったか」いう見方もできます。

東條の側近については、次の認識があります（大谷敬二郎著『昭和憲兵史』一九六六、みすず書房刊）。

●陸軍省にはいわゆる〝三奸四愚〟の言葉が流行したが、それは東条の側近を指称したものである。三奸というのは、鈴木貞一、憲兵司令部加藤泊治郎中将、そしてあと一人に星野直樹をいれるものと東京憲兵隊長四方諒二を加えるものとがある。

●憲兵を駆使して、暗黒の恐怖政治を現出させている。

●東条末期に、一世の怨府となったこと等彼らの活躍は苛烈を極め、木戸内府や松平秘書官長らも時々威迫されているが、岡田、近衛らの重臣も、屢々近辺の危急を自覚している位だから大変な話だ。

当時、ゾルゲ事件を担当した吉河光貞検事がゾルゲ事件を「近衛内閣を総辞職に追いやった事件」とみなしているのを見ると、これまでの「ゾルゲ事件」の解釈を大幅に見直す必要が生じます。

つまり、ゾルゲ事件をスパイの犯罪事件として見るだけでなくて、政治闘争の一角として見る視点が必要になります。

東條英機は、軍歴や戦略に秀でた人物ではありません。軍内抗争に長けた人物です

東條英機の軍歴をまとめてみます。

一九〇五年　陸軍士官学校を卒業（十七期）
一九一〇〜一一年　陸軍大学校（陸大）の入学に、二年続けて失敗
一九一二年　陸大入学
一九一五年　陸大卒業
一九一九年　駐在武官としてスイスに赴任
一九二一年　ドイツに駐在
同年　十月、欧州出張中の岡村寧次、スイス公使館付武官永田鉄山、ロシア大使

館付武官小畑敏四郎の陸軍士官学校十六期の同期生が、南ドイツの保養地バーデン＝バーデンで密約をかわし、人事刷新と軍制改革を断行して軍の近代化と国家総動員体制を確立すること、真崎甚三郎・荒木貞夫・林銑十郎らの擁立、陸軍における薩長閥の打倒、各期の有能な同志を獲得・結集させるなどの陸軍の改革や、満蒙問題の早期解決、革新運動の断行を誓い合ったとされるグループに、東條も参加

一九二二年　陸軍大学校教官に就任
一九二七年　二葉会の結成に参画。同志に永田鉄山・岡村寧次・小畑敏四郎、河本大作・板垣征四郎・土肥原賢二・山下奉文ら
一九二八年　陸軍省整備局動員課長
一九二九年　五月、二葉会と木曜会を統合した一夕会結成に参画
　　同年　八月、歩兵第一連隊長
一九三一年　参謀本部編制動員課長
一九三三年　兵器本廠附軍事調査委員長、陸軍省軍事調査部長
一九三四年　歩兵第二十四旅団長（久留米）
一九三五年　関東憲兵隊司令官・関東局警務部長。関東軍将校の中でコミンテルン（一

九一九年から四三年まで存在した、共産主義政党による国際組織)の影響を受け活動を行なっている者を多数検挙

一九三六年　二・二六事件勃発時、関東軍内部での混乱を収束させ、皇道派の関係者を検挙

一九三七年　関東軍参謀長

一九三八年　第一次近衛内閣の陸軍大臣・板垣征四郎の下で、陸軍次官。参謀次長・多田駿(ただはやお)、参謀本部総務部長・中島鉄蔵(なかじまてつぞう)、陸軍省人事局長・飯沼守(いいぬままもる)と対立

一九四〇年　七月二十二日から第二次、第三次近衛内閣の陸軍大臣

こうした経歴を見ても、東條には自分たちの仲間であるはずの軍人を検挙したり、軍内抗争に深く関与する等の特徴がうかがえます。近衛追い落としを図ることは彼の軍歴を見れば、決して唐突な出来事ではありません。

東條が台頭するのは関東憲兵隊司令官時代からです。二・二六事件の時に関東憲兵隊司令官として、多数の軍人と民間人を拘束しています。彼は「社会悪」と判断する人間の排除に何ら躊躇はしていません

東條英機は、軍歴を見ても、関東憲兵隊司令官に任命されるまで、特段注目を浴びた軍人ではありません。少将や中将や大将等の称号を持った軍人となったかもしれませんが、それ以上ではありません。

関東軍作戦主任参謀や参謀本部作戦課長という主流を歩いて来た石原莞爾等は、東條を馬鹿にしています。

関東憲兵隊司令官というポストは、軍歴からいうと、さしたるポストではないのです。ですから東條以前の人は、無難にこのポストをこなすだけで終わっています。

しかし、憲兵隊司令官は人を逮捕する特権を持ちます。世界の歴史を見れば、こういうポストを過激に使う人は一気に権力を拡大します。この時代のドイツのゲシュタポ（秘密国家警察）のゲーリング、ソ連のＮＫＶＤ（内務人民委員部）のベリヤ、イラクのサダム・フセイン（副大統領時代、治安関係を統括）がこれに属します。

東條は、関東憲兵隊司令官の地位を最大限利用します。

満州で絶大な権力を持っていた人々に、「弐キ参スケ」と呼ばれた人たちがいます。「弐キ」は東條英機（在満期間：一九三五～三八年、離満前役職：関東軍参謀長）と星野直樹（在満期間：一九三二～四〇年、離満前役職：国務院総務長官）、「参スケ」は鮎川義介（在満期間：一九三七～四二年、満州重工業開発株式会社社長）、岸信介（在満期間：一九三六～三九年、離満前役職：総務庁次長）、松岡洋右（在満期間：一九二一～三〇年、三五～三九年、離満前役職：満鉄総裁）です。

この五名から二人の首相が出たわけですから、大変な勢力です。満州経営には麻薬売買等、暗い側面があり、ここで得た資金が日本政治に還流したとみられています。

この中で、星野直樹は満州で国務院総務長官として日本の傀儡国家である満州国において、実質上の行政トップの地位に就いています。東條内閣の成立とともに内閣書記官長に起用され、以後東條英機の退陣まで側近として大きな発言力を保持した人物です。

彼が一九五五年六月発売の『文藝春秋　風雲人物読本』の中で、「憲兵司令官　東條英機」を記述しています。要旨を抜粋します。

●憲兵は満州国全土の治安維持を任務とするのみならず、一般人の行動に対しても、立ち入った監督、取締りをしていた。

●**憲（兵）警（察）統一が実現して、名実ともに満州の日本警察機関の最高指導者の地位を獲得した。**

●二・二六事件の時に、満州にいる少なからぬ者がこの事件に関係していることが解った。憲兵司令官はこれらの人々を警察の手で一斉検挙した。電業の支社長、大同学院教授、満州炭鉱監事等、当時満州で重要地位にある人々が一網打尽で留置所に入れられた。

●検挙された人々に対しては法律的な措置は行なわれなかったが、好ましからざる人物は満州より放逐した。

●**憲兵全体が東條さんに推服、傾倒した。**真の親玉を見出したということである。

●**東條さんもその後、憲兵に特別の興味と親近感を持つようになり、のちに陸軍大臣となり総理大臣になるに及んでも、この関係は変わらなかった。**

●東條が力を入れたのは、関東軍に反感を持つ団体や民間人のリストアップである。**憲兵隊員は内地からの社会主義運動の要視察者や国家改造運動に**

熱心な者を調べるだけでなく、皇道派に共鳴する傾向がある要人、民間人をリストに加えた。

二・二六事件後、最重要ランク危険人物数一〇〇名の身柄を拘束した。

二・二六事件は東條の人生を大きく変えた。一将校で終わるはずの彼の経歴はこの事件によって書き換えられたといっても過言でない。

星野直樹は、極めて貴重な証言をしています。

まず、東條英機は憲兵と緊密な関係を築いていることです。満州人脈では治安関係の警察とも、密接な関係を築いています。

第二に、法的根拠が薄弱でも、検挙に何ら躊躇（ちゅうちょ）しない、そして満州からの追放という行政措置を取る人物であるということです。

第三に、社会主義運動の活動家に厳しい態度を取っているということです。

そして、こうした弾圧政策を取ることによって、「一将校で終わるはず」から、陸軍大臣にまで駆け上がることになったわけです。

ゾルゲ事件を考える時に、東條のこの性癖を理解しておく必要があります。

東條が近衛首相を放逐し、
自分が首相になるとして
どのような手順を踏んだのでしょうか

東條陸相は日米開戦を強く主張しています。

他方、近衛首相など、多くの人は、日米開戦に消極的でした。

したがって、東條陸相は首相になり、日米開戦を行ないたいとの強い願望がありました。

ではどのような手順で進んだでしょうか。

❶近衛内閣で、閣内不統一という強い危機を作る。

❷まず近衛の退陣を図る。

❸近衛は日米開戦に強く反対している。したがって、後継者に開戦に反対の人物を推挙すれば、その人物なら致し方ないと近衛は辞任を決意する。東條は開戦反対の東久邇宮を首相に推挙した。近衛はこれならばと辞任する。

❹他方、首相を推薦するに大きい力を持つ木戸内相には、「戦争の危機には皇室の方が

首相になるのは責任問題が出るので、避けるべし」と打ち合わせをしておく。

このような流れで進んだのではないでしょうか。

「ゾルゲ事件」は、近衛首相を切る上で極めて重要な役割を果たしました。

東條が近衛追い落としに
ゾルゲ事件を利用したがったのは、わかります。
では当時の検察はどう対応しようとしたのでしょうか。
「近衛グループを弾圧すべし」と考える人物が
「思想課長」という要職にいます

一九三九年に、太田耐造（おおたたいぞう）が司法省刑事局第六課長（思想課長）に就いています。彼は、一九四一年三月十日、治安維持法をこれまでの全七条のものから、全六五条とする改正を行ないました。

それについて彼は、ラジオ放送を通じ「改正された治安維持法について」と題して解説を行なっています（三月十七日放送、日本放送協會発行「国策放送」一九四一年五月一日号所収）。抜粋で紹介します。

●いまや我が国は内外共に非常なる難局に際会してゐるのでありまして、この難局を乗切つて、肇國（ちょうこく）の大理想を顕現致す為めには、挙国一致國體（こくたい）の下に固く団結致し、**國體に弓引くが如き不逞（ふてい）の分子等をしていささかも乗ずる間隙（かんげき）を与へないことが、最も肝要であると存じます。**

●我が國體の変革を企てるやうな不逞分子に対しては、**徹底的検挙を行ひ、**改悛の情なき場合には厳罰を以て之に臨み、なほ悔悟しない者は、之を社会より隔離し得るやうな法律なり、制度なりを整備することも、また極めて必要の事柄であります。

●結社の程度に達しない集団に関する処罰規定を設け、さらに宣伝その他國體変革の目的遂行に資する一切の個人行為を取締るべき包括的規定、類似宗教団体に関する処罰規定等をも新設し（後略）。

●第三章は、予防拘禁に関する規定でありますが、その骨子は、いはゆる非転向の思想犯人を、裁判所の決定に依り、予防拘禁所に収容することが出来る。（中略）本人悔悟せず、拘禁継続の必要が存する限り、二年の期間はこれを何回でも更新し得ることになつて居るのでありまして（後略）。

●かやうに、**場合によつては、本人を一生涯でも拘禁し得るやうな制度が設けられましたのも、全く思想犯罪の特質に基づくものでありまして、**これを実情に徴しまするに、一旦感染した思想はなかなか払拭することが難しく、転向を肯じない詭激分子は、これを社会より隔離して、悪思想の伝播するのを防止し、一面強制の方法によつて、思想の改善を図り、忠良なる皇国臣民に立帰らしむるの必要があるからであります。

こうした思想は、ドイツのナチに類似しています。

ドイツでは、共産主義者の仕業（しわざ）とされたドイツ国会議事堂放火事件の翌日の一九三三年二月二十八日、国民の権利を大幅に制限する「民族及び国家保護のための大統領緊急令」が発令され、これにより国民は、憲法により保障されていた人権をほとんど剝奪（はくだつ）されると同時に、国家が反ナチ党分子を保護拘禁して強制収容所へ送り込む法的根拠となったわけです。これと同じ法体系を、日本も第二次大戦直前に作りました。

ゾルゲ事件当時、司法省刑事局第六課長（思想課長）を務め、戦後、早くに亡くなった太田耐造を偲び、検察関係者が座談会を行なった時の様子が『太田耐造追想録』（非売品）

に掲載されていますが、ゾルゲ事件に関して、次のように記載しています。

井本臺吉（ゾルゲ事件の担当主任検事、12ページ参照）

「太田さん自身がいろいろ政界の上層部や軍に親しかったからね。（中略）われわれの受けた感じでは、**近衛新体制などには反対のような印象だったな。結局、昭和研究会か、ああいう種類のものについては大変目を光らして押え付けるという傾向だった**記憶があるがね」

司波實（刑事局第六課勤務、戦後は経済調査庁物資調査部長等歴任）

「太田さんの思想について愛川さん（孫崎注：愛川重義。読売新聞記者として、太田氏と緊密な関係を樹立。この座談会に参加）が国粋的傾向があったと言われたが、そのとおりだ。（中略）

昭和研究会の系統をいわゆる偽装左翼であるという強い考え方を持っていたな。それがたしか近衛新体制が平沼内務大臣等によって潰されたでしょう。それは太田さんに合致した考え方だったね。（中略）

『中央公論』の尾崎の論文『東亜共栄圏論』を検挙になる一年も前だったと思うが、検討

を命ぜられたことがあった。太田さんは早くから目を付けていたね」

この当時の課長は、大変な権限を持っています。「思想課長」と言われる太田耐造は、

❶近衛内閣には反対

❷かつて近衛内閣が潰された時、これに賛同

❸近衛首相の側近グループの「昭和研究会」を疑似左翼とみなし、弾圧

❹尾崎を逮捕の一年前から捜査の対象としている

などの動きを見せています。

ゾルゲ事件の通説では、❶伊藤律(いとうりつ)が北林トモとの関係を自供→❷北林トモを逮捕、北林が宮城との関係を自供→❸宮城の逮捕、宮城が尾崎・ゾルゲとの関係を自供、との流れから、尾崎・ゾルゲの疑惑が浮上したことになっていますが、これと全く別に、太田耐造らが、当初から尾崎秀実の逮捕を考え、かつ近衛内閣を潰すことを企(たくら)み、ここで東條と利害が一致した可能性が十分あります。

考えてみれば、逮捕に踏み切った内務省の幹部が何を考えていたかは、ゾルゲ事件を解

明する上で、当然考察しなければならない分野でしたが、多くの研究家は、そんな情報は出てくるはずがないと思ってきたわけです。

検察関係者の本音が、『太田耐造追想録』というほとんど誰も着目しない文献に記載されていました。

検察で、近衛内閣追い落としを図るのは、
太田耐造・司法省思想課長だけではありませんでした。
彼の上司、秋山要（あきやまかなめ）・司法省刑事局長も同じ流れです

ゾルゲ事件摘発の前に、司法省では重大な法整備が行なわれています。一つは、先ほど述べた治安維持法の改定です。

今一つは、国防保安法の制定です。実はゾルゲ事件では、こちらのほうがより直接的影響を持っています。

この国防保安法について、秋山要・司法省刑事局長が「国防保安法の施行」と題し、やはりラジオ放送で解説を行なっています。抜粋します。

●近代戦の特色は、国家総力戦たる点に在るものであります。従って、**総力戦下に於ける諜報活動の目標は単に軍事上の秘密に止ることなく、広く外交、財政、経済等各般の事項に及ぶ。**

●今や我国は支那事変を遂行しつゝ、盟朋と相携えて東亜新秩序の建設に邁進して居るのでありまして、我国に対する敵性国家の秘密戦が今後愈々熾烈化することを予期し（略）。

●然るに我国の法制は従来斯様な国際的秘密戦に対処するに付き、遺憾の点が尠くなかったのであります。即ち之を刑罰規定に就いて見ますならば、外国の軍事上の秘密以外の国家的機密を保護すべき直接の規定に乏しく、外国の行う宣伝謀略を防止すべき法規亦不備たるを免れなかった（略）。

●第一条に依れば国家機密とは、国防上外国に対して秘匿することを要する外交、財政、経済その他に関する重要なる国務に係る事項であって（略）。

●国家機密は前述の通り、最高度の機密でありますから、（中略）官吏其の他業務に因って国家機密を知得領有する者が之を漏泄することを厳重に取り締ると共に、外諜又は其の手先の活動を抑圧すれば概ね防諜の目的を達し得る訳であります。仍て本法は先づ業務に因り**国家機密を知得領有した**

者が之を外国に漏泄又は公にした場合に於いて最も重い刑を以て臨み、夫れが過失に因る場合をも罰し、更に外国に漏泄し又は公にする目的を以て国家機密を探知収集した者及其の者が国家機密を外国に漏泄し又は公にした場合に対し重い刑を規定してゐるのであります。（一九四一年五月十一日放送、日本放送協會発行「国策放送」一九四一年七月一日号所収）

国防保安法は、「軍事上の秘密に止ることなく、広く外交、財政、経済等各般の事項に及ぶ」としています。「国家機密を知得領有する者が之を漏泄することを厳重に取り締る」としていますが、対象者はまさに近衛内閣で働いている者です。

後に検察関係者は「ゾルゲ事件のような検察史上まれにみる大事件にしても、この法律があればこそ検察が成功をあげられたのです」と述べていますが、逆にこうした法律制定には、「ゾルゲ事件」を十分想定していたともいえると思います。

尾崎への監視は、一九四〇年後半には実施されています。

戦争に行くときには国内引き締めを行なう。
その目的のためにはゾルゲ事件は見事な効果を発揮しました。
だとすれば、ゾルゲ事件を作った検察等に
「国内引き締めに利用する」という意図があっても不思議ではありません

この本の中心は、「ゾルゲ事件は、如何なる日本の国益を犯したか、実は死刑になるような国益侵害はない」ということを説明していきます。

ゾルゲ事件とは「『スパイ』という、ただその言葉だけによってもその人を葬」った事件（中西功著「尾崎秀実論」）というのが、正確な位置づけかもしれません。

しかし、「『スパイ』という、ただその言葉だけによってもその人を葬る」エネルギーには凄まじいものがあることを、認識すべきだと思います。

ゾルゲ事件は一九四一年十月、ゾルゲ、尾崎らが検挙されたものの、当初は捜査当局によって発表が抑えられていました。「国際諜報団事件」として世間に発表されたのは、年も変わり一九四二年六月十六日になってからでした。

司法省が発表したその内容は、「**本諜報団はコミンテルン本部より赤色諜報組織を確立すべき旨の指令を受け**、昭和八年秋我国に派遣せられたるリヒアルト・ゾルゲが、当時既にコミンテルンより同様の指令を受け来朝策動中なりしブランコ・ド・ヴーケリッチ等を糾合結成し、爾後順次、宮城与徳、尾崎秀実、マックス・クラウゼン等をその中心分子に獲得加入せしめ、その機構を強化確立したる**内外人共産主義者より成る秘密諜報団体にして、**（略）**結成以来検挙に至るまで長年月に亙り、合法を偽装し、巧妙なる手段により我国情に関する秘密事項を含む多数の情報を入手し、**通信連絡その他の方法によりこれを提報しいたるものなるが……」（『現代史資料1　ゾルゲ事件1』）というものでした。

問題はこの後です。

内務省はこの報道について、ただちに各界の反響を聴取し、「国際諜報団事件に対する意嚮に就いて」（『現代史資料24　ゾルゲ事件4』）を取りまとめています。長くなりますが、重要なので、反響を抜粋します。

- 枢密院顧問官　三土忠造（蔵相、逓信相を歴任した戦前政界の重鎮）：今回の諜報事件で識者も如何に恐しきものであるかを再認識する事が出来たであろう。**近衛公としては是等の人を重く採り入れ用いた事は、真に重大なる責任があるのではないかと見て居る。**
- 貴族院議員　井田磐楠（元軍人、大政翼賛会発足と同時に常任総務）：**本事件**

の温床は昭和研究会である。要するに大体之等（これら）の共産党員を近着けた軍部並に我が政界上層部の者が悪い。彼（尾崎）を死刑に処せねば治安維持法は空文に終わるであろう。

●貴族院議員　中川良長（なかがわよしなが）：関係者は厳罰に処すべきである。本事件の発表に依り政治家は因（もと）より、実業家も教育者も打って一丸となり赤化思想撲滅に力を入れるべきである。

●貴族院議員　黒田長和（くろだながとし）：総理大臣の秘書の地位を利用して外国に通じて居ったとは実に怪しからぬ。

●代議士　斎藤隆夫（さいとうたかお）（一九四〇年二月の「反軍演説」で有名）：永い間の諜報団の跳梁（ちょうりょう）に因（よ）って蒙（こうむ）った国家の被害の相当大であった事は想像に難くないが、捜査機関の努力に依って検挙を見た事は幸いである。

●元逓信大臣　勝正憲（かつまさのり）：実に心外だ。内敵が最も恐ろしい。

●同盟政経部長　沼佐隆次（ぬまさりゅうじ）：真実諜報団に知識階級の人が相当居たと云うことは憎みても余りあり、厳罰に処すべきであると思う。

●東京朝日新聞社・政治経済部長　高野信（たかのまこと）：元私の社に勤めて居った者が居ることは甚だ申し訳ないと思っている。今度の事件で相当よい警告となり、（口が軽かった上層部の者が、今後は）余り軽々しく洩らさなくなると思う。

●都新聞社・政治部副部長　塚本寿一：**死刑は当然で、それでも飽き足らない憎むべきものである。**

●報知新聞社・常務　池田正之輔（いけだまさのすけ）：近衛までやる必要もなかろうが未だ未だ関係者がある筈だ、朝日新聞社等はこの際たゝき潰した方がよい。

●予備陸軍中将　林桂（はやしかつら）：未だ未だ尾崎張りの人間が居らぬとは限らない、徹底的な検挙に依り絶滅を期して貰い度い。

●陸軍中将　中島今朝吾（なかじまけさご）：此んな主謀者共は死刑にしても足らないが、お互い国民も最少し機密の保持と云うことに就て関心を持たねばならん。

●陸軍中将　稲垣三郎（いながきさぶろう）：取締りを一層厳重にし、以て之の非常時局を突破して戴きたい。

●陸軍少将　長谷川正道（はせがわまさみち）：取締が取締らしくなったのは大東亜戦になってからのことである。も少し厳重にして欲しい。

●海軍中将　山下八郎（やましたはちろう）：日本人でありながら日本の国体観念国柄を考えぬ人物に対しては断固たる措置を以て望むべきである。

- 日清紡績取締役会長　宮島清次郎：非国民的売国行為であって、之れ等に対しては厳罰を以て臨むべきである。
- 日銀総裁　結城豊太郎：何れにしても検挙されたことは国家として大いに喜ばなければならぬと同時に、此の諜報網に対する警察の取締対策を一層強化されなければならぬと思う。
- 交通営団総裁　原邦造：誠に遺憾に堪えぬ。各自が言動を謹み諜報活動に対する警戒を厳にすると共に取締を厳にすべきであって（略）。
- 大正製麻社長　末永一三：この事件は（中略）**上は近衛公まで行かなければならない筈のものを、**今日発表の如く小さくした所に政治的工作があると思う。
- 安田銀行常務　園部潜：国民は憤激を感ずる。

内務省は、延々と聴取を行なっていますが、これらの見解は、

❶関係者は、厳罰、死刑にすべきである
❷一段と防諜体制を強化すべきである

❸自由主義グループには警戒すべきである
❹近衛首相にも責任がある

に集約されると思います。

❶から❸は、まさに、「思想検事」グループが狙っているものです。さらに近衛首相にも、批判が向かっています。

ゾルゲ事件は、検察の狙いどおり、あるいは、それ以上の効果を持っています。

本書の「はじめに」で、ゾルゲ事件の主任取調官だった大橋秀雄氏が著書『真相ゾルゲ事件』で、「私はゾルゲに死刑の判決があるとは予想していなかったし、後に送致意見書を作成したとき情状の項に『相当の刑を科せられたく』と書いた処、上司は『その罪極めて重く極刑を科するの要あり』と全面的に訂正して送致した」と書いたのを見ました（11ページ）。

大橋秀雄氏も、上司も、各々の視点で正しいのです。大橋秀雄氏は「ゾルゲが如何なる罪を犯したか。それに相当する罪は何か」で見ます。その判断は「相当の刑を科せられたく」で、極刑（死刑）を求めていません。

他方、上司は政権の上層部、世論の反応を見ます。如何に世論を操作するかを考えます。そこでは「極刑」以外ありません。だから彼も、ある意味正しい判断をしているのです。

通説では、ゾルゲ事件は、まず共産党員・伊藤律による米国共産党員・北林トモとの関係自白から始まったとしています。

しかし、どうもそれは違うようです

ゾルゲ事件の最も基本的な文献は、内務省警保局作成の「ゾルゲを中心とせる国際諜報団事件」です。この報告は『現代史資料1　ゾルゲ事件1』の冒頭に掲げられています（「一　事件の概要」「(二)　捜査の端緒、検挙の経過及び被検挙者一覧表」の項）。この報告における伊藤律に関する言及を抜き出しますと、次の通りになります。

> 「昭和十五年（孫崎注：一九四〇年）六月以降警視庁に於て検挙に着手せる日本共産党再建準備委員会事件の首魁、治安維持法違反被疑者伊藤律（当時二十九歳、満鉄東京支社調査部）は（中略）、検挙後数ケ月に亘るも犯行を自供せず取調困難を極めたるも警視庁の峻烈にして一方温情ある取調に対し

遂に翻然転向を決意し漸次その犯行を自供するに到れり。

右伊藤律の自供中米国共産党日本人部員某女（北林トモ、五十六歳）の既に帰国してスパイ活動の容疑あるやの陳述ありたるを以て直に右北林の所在調査を開始し、特高一課、外事課共同にて周到なる内偵を加え昭和十六年九月二十八日、北林トモ、同人夫芳三郎の両名を和歌山県粉河（こかわ）町に於て検挙追及したる結果更に米国共産党員にして沖縄県人の宮城与徳なる者（中略）十月十日同人を検挙し、（中略）遂に検挙は組織の核心に及ぶを得て十月十四日以降、尾崎秀実、リヒアルト・ゾルゲ等の検挙に及び（以下略）」

この文章からは、

❶伊藤律が北林トモの名を明かした
❷北林トモを長期観察した結果スパイ容疑が出たので、検挙した
❸ここから宮城与徳、尾崎秀実、ゾルゲ等の検挙につながった

と読めます。

ウィロビー著『赤色スパイ団の全貌―ゾルゲ事件』も、次のように記述しています。

発覚のいとぐちとなった伊藤律（小見出し）

皮肉にも、彼等の陰謀を発覚に導いたのは、戦後の日共の指導者の中に数えられる伊藤律である。しかも彼は無意識に裏切つたのだ。（中略）

一九四一年六月、非合法活動の疑いで検挙された。東京警視庁の取調で、彼は全部を自白した。彼は共産主義の信念のために道を誤つたといい、他人の名を列挙した。その中に北林トモがはいつていた。

「ゾルゲ事件」を見るのに最も基本的な資料である内務省警保局作成「ゾルゲを中心とせる国際諜報団事件」と、ウィロビーの著書が「発覚の糸口となった伊藤律」と書いていますから、ゾルゲに関する本は、ほとんどがこの見解を踏襲しています。

伊藤律は北林トモの名を自白したとされていますが、この北林トモを監視しても何も出てこなかったのです多くの人が「伊藤律が北林トモの名前を特高に自供したのがゾルゲ事件の出発点」とみなす中、これに疑問を持たせる証言が現われたのです。

事態は意外なところから出ます。

伊藤律から自白を引き出したという特高警察官、宮下弘（みやしたひろし）が、一九七八年、著書『特高の回想―ある時代の証言』（一九七八年、田畑書店刊）で、北林トモの監視からは何も出てこなかったと記載しています。

宮下弘は戦前、警視庁の特高（特別高等警察の略、その活動は無政府主義者、共産主義者、社会主義者、および国家の存在を否認する者を査察・内偵し、取り締まることを目的）に勤務し、係長を務めた人物です。宮下弘は「特高では、実質は自分達生え抜きが押さえ、課長が特高のポストに来るのは出世の通過点にすぎない」という自負心を持っています。した

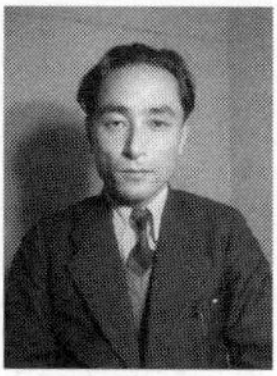
©共同通信社／amanaimages

◎**伊藤律**（いとう・りつ／一九一三～八九）
日本共産党政治局員。一九三〇年に第一高等学校（現東京大学教養学部）入学。三三年、日本共産党入党、治安維持法違反で検挙されるが転向を表明して釈放。三九年、南満洲鉄道に入社、尾崎秀実と交遊。翌年満鉄東京支社調査部に復職。四一年の三度目の検挙の折、ゾルゲ事件摘発の情報を洩らしたとされる。五一年、中国へ密航。中国での二八年の獄中生活を経て、八〇年日本に帰国。

がって彼の証言は真実に近いと思います。

この本は、本人が書き下ろしたわけでなく、伊藤隆（いとうたかし）氏と中村智子（なかむらともこ）氏の二人が聞き手をつとめ、後に編集しました。

伊藤隆氏は元東大教授で、一次資料の整備に大変な労力を注いできた方です。特に、オーラル・ヒストリーの聞き手として、『岸信介の回想』『天地有情——五十年の戦後政治を語る』（中曽根康弘）、『情と理——後藤田正晴回顧録（上・下）』『渡邉恒雄回顧録』『政治とは何か——竹下登回顧録』（御厨貴共編）等、戦後の重要人物の語りを出版してきました。一次資料を多く残した点で、その功績には極めて大きなものがあります。

この人が、戦前の特高係長とのインタビューを行なっているのです。伊藤隆氏も、ゾルゲ事件に大変な関心を持っていたのだと思います。

この本は本来、中村智子氏の勤めていた中央公論社から出版される予定でしたがそれが出来ず、結局田畑書店から出版されたという、いわくつきの本です。ゾルゲ事件の本の出版が、出版社から断わられたケースに、前掲の大橋秀雄『真相ゾルゲ事件』（一九七七年）がありました。そして、宮下の『特高の回想—ある時代の証言』も、同じ雰囲気を漂わせています。

宮下弘は、伊藤律の自白を次のように述べています。同書から要旨を抜粋します。

●（拘留中で旧知の間柄だった）伊藤律から宮下に会いたいと言ってきた。

●伊藤律は「転向します、宮下のために働きます、しかしタマシイは売らない」という。

●（やりとりの後、伊藤律は）「アメリカのスパイがいますよ。調べてごらんなさい」と言って北林トモのことをしゃべった。

●「北林は日本の党と連絡して、日本の党に属して活動しようとする様子はなかった。だからアメリカのスパイでないか」と言っていた。

●伊藤から北林トモの名前を聞いてから、米国共産党日本人部の名前らしいものを見ると、北林トモの名前が出てきた。

●しかし残念なことに防諜は、特高部でも外事課の管轄なので、外事課では、ソ連番の山浦警部とその部下の宮崎という警部補に調査を命じた。

●北林トモは、帰国後渋谷で洋装店につとめていたが、まもなく郷里の和歌山に引っ越した。

●宮崎警部補他一名が、和歌山県粉河町まで出張して張り込みをした。ところが、宮崎警部補は一年間、何にも報告してこない。手紙をよこさない。行きっぱなしで全然進展がない。

一年を経て「なんにも動きがなく、スパイの証拠を得られない」という報告で、外事課としては事件にできないから然るべく、ということになった。こうして外事課のほうでは、北林の捜査は打ち切られた。

●ただし、そのときに、われわれが直ちに北林トモを検挙する決定をしたわけではない。

●**当時、特高一課では、尾崎秀実に、ソ連系スパイの容疑濃厚と目をつけていた。**

●ただ、どちらもスパイの証拠をつかむまでになっていなかったので、拘引後、もし取調べが長引くと、他の容疑者が逃亡したり、証拠を湮滅するという事態になるおそれがある。

●それには外事課が長期間張り込んで動きのつかめなかった北林トモがいいだろう、と。そういう協議があって、そこで彼女を拘引することに決定した。

伊藤律が、北林トモの名前を言及したか否かについて、いろいろな考えがあったとしても、北林トモの監視から何も出てきていません。

それだけではなくて、一年を経て「なんにも動きがなく、スパイの証拠を得られない」と報告された後に、北林トモを逮捕しているのです。

さらに、渡部富哉氏は著書『偽りの烙印』の中で、北林トモへの内偵は、伊藤律氏の発言の前から実施されていたと記述しています。

今一つ興味深い記述があります。

東京憲兵隊長大谷敬二郎が前掲の『昭和憲兵史』で次のように記述しています。

> 警視庁の検挙によって、その活動は終止符が打たれたが、日本の防諜機関は憲兵をも含めて、すっかり鼎（かなえ）の軽重を問われてしまった。

つまり、「ゾルゲ・スパイ団」は特段、警戒を呼び起こす活動を取っていなかったといえるとみられます。

ではなぜ「伊藤律が発端」説を当局はとったのでしょうか。

元特高係長宮下弘は「当時、特高一課では、（中略）尾崎秀実に、ソ連系スパイの容疑濃厚と目をつけていました」と記述しています。

現在ですと、尾崎秀実にスパイ容疑がかかるのは当然のように思われますが、仮にゾルゲと仲良くしていたとしても、ゾルゲは日本の同盟国ドイツの記者であり、ドイツ大使自身が多大の信頼をおいている人物ですから、簡単にスパイと決め付けるわけにはいきません。

当時、尾崎秀実と密接な関係を持っている人々は「彼がスパイであったのは信じられない」という反応を示しています。

では、なぜ、尾崎秀実が狙われたのでしょうか。

それは尾崎秀実が近衛首相の側近であったからです。近衛側近グループの一員とみられる尾崎を、スパイ容疑で逮捕できれば、近衛内閣は瓦解します。

尾崎に着目しているのは、北林トモの自供からではありません。

特高の宮下弘は一九四〇年暮れからと言っています

前掲の『特高の回想』には、次のように書かれています。要旨を抜粋します。

尾崎に注目して実際に内偵し始めたのは昭和十五年の暮れ頃からだと思います。しかし、具体的な事実をつかむまでには、いたらなかった。

〈質問：一九四一年〈昭和十六年〉の春ごろに、軍が尾崎をやっちゃえと特高課に申し入れてきた、ということですが、尾崎について軍が何かをつかんだということだったのでしょうか〉

ひとつだけ言うと、海軍省で満鉄調査部に依嘱した軍機事項が外部に洩れているということが、わたしたちの耳に入ってきました。これを知っているのは尾崎などの高級嘱託のグループであるから、そのあたりから極秘事項が外に漏れているのでないかということになった。

中西功著「尾崎秀実論」（雑誌「世界」一九六九年四月号掲載、のち一九七九年、勁草書房刊『回想の尾崎秀実』に所収）では、中西が一九四〇年十二月、尾崎秀実と上海で会った時の模様を記述していて、尾崎が中西に「実は自分の方もどうも最近おかしいんだ」と述べ、見張られているような感触を持っていたことをうかがわせています。したがって、ゾルゲ事件は伊藤律の自白から始まったというのは虚偽です。

北林トモへの内偵は、伊藤律の自白以前に起こっています

「ゾルゲ事件の発端は、伊藤律による北林トモ告発からか否か」は、単に、伊藤律個人の名誉云々より、「伊藤律の北林トモ告発からゾルゲ事件が始まった」とする戦前の内務省、そして戦後のウィロビーの説明に、どこまで信憑性があるかという問題です。

この問題を徹底的に検証しようとした人物が渡部富哉氏です。彼は『偽りの烙印』の中で、❶警察が北林トモの監視を実施した時期と、❷伊藤律の自供の時期の対比を行ない、北林トモの監視は伊藤律と関係なく行なわれていることを立証しています。

(1)北林トモの監視

ゾルゲ事件摘発当時の特高第一課長中村絹次郎が、山村八郎のペンネームで執筆した『ソ連はすべてを知っていた―第二次世界大戦の運命を決したゾルゲ・尾崎秀實スパイ事件赤裸の全貌記録』（一九四九年、紅林社刊）は、内偵の模様を、次のように書いています

が、ここには実に巧妙な誤魔化しが入っています。

　アメリカ共産党日本人部に所属していたある日本婦人が日本に帰国しているとの事実が俊敏な某警部の手に握られた。後から考えるとこれがこの大事件の検挙の貴重な糸口だったのだ。

　つまりこの事実を洩らした**党員伊藤律は結果としてゾルゲ、尾崎らの諜報団を売ったことになるわけだ。**

直ちにその女の居所であった渋谷区穏田二ノ七四番地「L・A洋裁学院」の周囲に鋭い監視の網が投げられ、警視庁特高課の腕利き刑事が受持交番の巡査に化け、（中略）何喰わぬ顔でその女と面接した。そしてアメリカから最近帰ってきたこと、名前は北林トモということ、（中略）等々すっかり本人自身の口から調べ上げてしまった。

　獲物は確実に獲れた。獲物に感づかれてはならない。

　そのころアメリカ共産党日本人部からひんぴんと日本に連絡員が派遣されているという情報に神経を尖らしていた警視庁は、この獲物を利用することによってもっと大きな他の獲物を得ようと考えた。（中略）

この獲物は、捕えられているということを全く知らされないままに警視庁の「おとり」となった。（中略）

まずL・A洋裁学院の前にある一軒の家の二階が借りられ、ここに数人の刑事が身分を秘して間借り人となり、交替で夜となく昼となく監視し、彼女の外出を尾行した。

そのうち、夫の芳三郎が妻のあとを追ってアメリカから帰国し、間もなく夫婦は和歌山県粉河町の芳三郎の実家に引上げることになった。数人の間借人もこの厄介な「おとり」のあとを追い、粉河町で引続き同じ方法で監視を続けた。

昭和十五年七月から丁度一年二ヶ月もの長い間、辛抱強くこの監視は続けられたが、（中略）**めぼしい動きもなく、**また新しい組織もありそうな臭いもしなかった。

ガッカリした警視庁が、当初の熱意も失せてしまい**大した期待もかけずに、北林夫婦を和歌山県の粉河町で逮捕したのは、昭和十六年九月二十八日の早朝であった。**

問題点ととれるところを、太線で示してみました。

まず、修辞語「直ちに」（105ページ）です。この文章を読む限り、多くの人は前の文章の「この事実をもたらした党員伊藤律は」とつなげますが、厳密には、つながっていません。それは、次の事実関係の対比で解るのですが、L・A洋裁学院時代における徹底した監視は、伊藤律の自白のはるか前から実施されています。

かつ、一年二カ月監視して何も出てこないのに逮捕したのは、別の思惑が働いていたと見ざるを得ません。

（2）伊藤律の逮捕と自供

宮下弘（元特高係長）は著書『特高の回想』で次のように記述しています。

すこし間をおいてから、言った。ぼくが君を外へ出せる（孫崎注：当時伊藤は目黒署に留置中）ような話をしろ、と（中略）。

そうしたら、律はじーっと考えていたが、じゃあ、こういうのはどうでしょうか、と話したのが北林トモのことです。

共産党ばかりあなたがたは問題にしているが、アメリカのスパイについて注意してない（中略）。アメリカのスパイがいますよ、調べてごらんなさい、と北林トモのことをしゃべった（中略）。北林は日本の（共産）党と連絡をつけ、日本の党に属して活動しようとしている様子はなかった。だから、その北林トモをアメリカのスパイではないかとおもう、と伊藤は言った。伊藤はそれ以上、北林トモについてくわしいことを知っていたわけではない。

(3)ここで、北林トモ、伊藤律ら関係者の動きを、整理してみます。

一九三六年秋　北林が単身米国から帰国
一九三七年六月　北林がL・A洋裁学院教師となる
（特高が北林トモを徹底監視）
一九三九年七月　北林の夫、芳三郎帰国
十一月　伊藤律逮捕

　　　　十二月　　北林夫妻が和歌山県に移住
一九四〇年六月　　**伊藤律が北林トモを疑わしいと供述**
　　　　七月　　（特高が北林トモを内偵）
　　　　後半　　（特高が尾崎を内偵）
一九四一年春　　（軍、特高に「尾崎をやっちゃえ」と指示）
　　　　　　　　（一年二カ月の内偵で、北林に怪しい行動なし）
　　九月二十八日　北林トモ和歌山で逮捕
　　　　　　　　北林が宮城について自供
　　十月十四日　宮城逮捕、ゾルゲ・尾崎の関係を自供
　　十月十四日　尾崎逮捕
　　十月十五日　尾崎逮捕（公的説明）

検察幹部が部内の会談で、
伊藤律はゾルゲ事件と関係がないと話しています

戦前の検察官僚、太田耐造については、彼を偲んで『太田耐造追想録』（非売品）が発

行され、その中に、戦前、戦後の検察幹部になった人々が、よもやま話をして、ゾルゲ事件にも言及しているのを、すでに見てきました（82ページ）。

その中で、先にも紹介した井本臺吉（ゾルゲ事件の担当主任、一九四二年に刑事局第六課長〈思想課長〉、戦後一九六七年から検事総長）が、次のように述べています。

伊藤律が全部ばらしたようなことをよく書いておるのだけれども、伊藤律なんか殆ど関係ないよ。あれを伊藤律が全部ばらしたようにしちゃったんだね。

この発言は、まさに検察の怖さを示していると思います。

この発言を見て、ある意味、ゾッとしました。

まず、発言者が、その後、検事総長という検察の要に就いたような人です。

その井本臺吉は、濡れ衣を伊藤律に着せ、結果として、それを信じた日本共産党の問題はありますが、伊藤律の一生を台無しにして、それへの後悔というものが全く見えません。

次に「あれを伊藤律が全部ばらしたようにしちゃったんだね」というのは、まさに、彼が属していた司法省そのものです。そういう捏造を行なうことに何の罪の意識もない。「伊藤律なんか殆ど関係ないよ。あれを伊藤律が全部ばらしたようにしちゃったんだね」というのは、「ゾルゲ事件」の出発点を捏造しているわけですから、司法省などが説明している「ゾルゲ事件」もまた、実態と離れているということです。「我々はゾルゲ事件の真相を知っているけれど、我々が関与して作ってきた事件だし、世間が我々の説明で満足するなら、それでいい」ということです。

井本臺吉元検事総長の発言で重要なのは、伊藤律の発言で、尾崎、ゾルゲが逮捕されたということではないということです。そのことは、内務省やウィロビーの説明が、いかにいい加減なものかを示しています

私たちは、伊藤律が北林トモを売ったことでゾルゲ事件が発覚したものではないことを見ました。

そうだとすると、内務省警保局作成の「ゾルゲを中心とせる国際諜報団事件」が「伊藤律の自供中米国共産党日本人部員某女（北林トモ、五十六歳）の既に帰国してスパイ活動

の容疑あるやの陳述ありたるを以て、直に右北林の所在調査を開始し、（中略）十月十四日以降、尾崎秀実、リヒアルト・ゾルゲ等の検挙に及び……」としていること、ウィロビー著『赤色スパイ団の全貌―ゾルゲ事件』が示す「発覚の糸口となった伊藤律」の記述が、虚偽ないしは誤魔化しということになります。

ではなぜ虚偽、ないし誤魔化しをしたのでしょうか。

伊藤律に罪をかぶせることによって、ゾルゲ事件取り上げの真相を誤魔化し、次に、日本共産党の危険性を示し、かつ共産党内部での相互疑惑を高める狙いがあったとみられます。

戦後、ゾルゲ事件で「伊藤律がゾルゲ事件の糸口」が強調されたのは、
当局が共産党に打撃を与えるためだったのですが、
共産党は物の見事にこの問題で内部の相互不信、対立を生じさせます

松本清張は、一九六〇年代から八〇年代にかけて、推理小説界の第一人者でした。一九六一年、前年度の高額納税者番付で作家部門の一位となり、以降一三回一位ですから、大変な影響力がありました。彼は「日本の黒い霧」シリーズを次々発表し、その中で

「革命を売る男」として、伊藤律のゾルゲ事件を扱っています。

松本清張の影響力は大きく、多くの人のゾルゲ事件のイメージは、ここからも来ています。

私はこれまで、「伊藤律の自供はゾルゲ事件発覚の糸口ではない」と書いてきましたが、松本清張の記述を見れば、なぜこの問題がこれほど論ぜられるかがわかると思います。「伊藤律の除名は」から始まるこの記述の、主要な部分を抜粋します（『日本の黒い霧』所収「革命を売る男・伊藤律」一九六〇年、文藝春秋刊）。

伊藤律の除名は、日本共産党の六全協（略）の席上で、昭和三十年七月二十八日、満場一致で再確認された。

〔罪状を〕もっと具体的に党が発表したのは、それから約一カ月半ばかり遅れてだった。これは、党本部で、志田書記局員が記者会見を行なって発表した、というかたちをとっている。その内容は大体、次の通りである。（中略）「一九三九年（昭和十四年）伊藤律は（中略）検挙され、目黒署に留置された。そのとき、特高伊藤猛虎の取調べに屈服し、（中略）十数名の同志を敵に売り渡し、**さらに、ゾルゲ事件の糸口となった北林トモを売り渡した。**

伊藤律は特高宮下弘、岩崎五郎、伊藤猛虎にたいし、北林トモを売り渡すこと、および毎月一回ずつ警視庁におとずれて、進歩的な人びととの間の情報を提供することを条件として九月上旬に釈放された。
その後、伊藤律は従来通り満鉄東京支店に勤務し、支店内と本社内の進歩的な人びと（そのなかにはゾルゲ事件で処刑された尾崎秀実をふくむ）の言動までくわしく定期的に警視庁に報告した。（中略）
一九四一年（昭和十六年）十月、ゾルゲ事件の直前、伊藤律は保釈を取り消され、久松署に留置されたまま、内部からゾルゲ事件および満鉄事件の拡大と証拠がためのため協力した。（中略）
伊藤律が一九三九年目黒署に留置されたとき、北林トモのことを自供して、それがゾルゲグループ検挙の糸口になったということは今では一般の常識になっている。
だが、この事実が最初に暴露されたのは、昭和二十四年に突然発表された米上院におけるウィロビー（GHQのG2部長）報告である。この内容は朝日新聞が打ち返して、二月二十日付の同紙に次のような記事を載せている。
（中略）

昭和二十四年といえば、共産党勢力が有力に日本に繁昌した頃である。この突然の発表は、日本国民に衝撃を与えた。

これについて、当時の日本共産党は、その機関紙に、志賀義雄談として次のように発表して否定した。

「（前略）伊藤律がこの事件に関係があったという噂も、すでに一九四六年三月、厳密に調査を進めた結果、当時の特高固有の邪悪な謀略と妄想と行賞を求めるための作文に基くものであることが判った（後略）」

しかし、この「アカハタ」に載せられた当時の志賀談話は、冒頭の伊藤律除名発表理由によって「誤り」であったことを一般は知らされたわけである。

松本清張は「伊藤律が北林トモのことを自供して、それがゾルゲグループ検挙の糸口になったということは今では一般の常識になっている」と記載します。まさにそのことは、今日でも「常識」と言っていいと思います。

松本清張はどちらかと言えば、反権力的立場でシリーズ物「日本の黒い霧」を書き、その中で伊藤律を扱ったので、多くの人は、ますます、それを信じたと思います。

しかし皮肉なことに、今回の拙著は、「しかし、この『アカハタ』に載せられた当時の志賀談話は、冒頭の伊藤律除名発表理由によって『誤り』であったことを一般は知らされたわけである」という松本清張の記述自体が〝誤り〟であることを証明しようとしているのです。

歴史の解釈は、その時に入手しうる証拠に基づいて判断されます。松本清張から後になって、渡部富哉氏の検証が行なわれ、新事実が明らかになりました。松本清張が渡部富哉氏の検証結果を知っていれば、たぶん、違った結論を出していたと思います。そういう意味で、歴史はある程度時間が経ったところで、再検証する必要があります。ゾルゲ事件に関しては、一九七〇年代や八〇年代ではなくて、今行なうことに意義があります。

日米開戦を大筋決める一九四一年九月六日の御前会議の前までは、ゾルゲ事件の捜査は特段の進展をみせていません。日米関係をめぐる急展開は十月十二日の「荻外荘五相会議」でした。激しい議論を招きますが、一応合意が成立します

この流れの中で、重要なのは、日米開戦を大筋決める九月六日の御前会議前には、ゾル

ゲ事件の捜査はさしたる進展をみせていないことです。

内務省警保局保安課作成「ゾルゲを中心とせる国際諜報団事件」では、ゾルゲ事件の発端となった北林トモの経歴に「昭和十四年七月、夫芳三郎帰国の為郷里に帰り爾来和歌山地方、金沢地方、堺地方の情報入手宮城に報告す」となっていますが、和歌山に居住しているのにスパイ事件につながる情報が出るわけがありません。更に加えれば、夫の芳三郎は共産主義運動とは無縁です。

それは北林トモを監視した外事課が「何らの怪しい動きもない」としていたことでも明らかです。

北林トモの検挙から、尾崎秀実の検挙につながったのではありません。むしろ、流れは「尾崎秀実の検挙する方針がまずあり、それを正当化するものとして、北林トモと宮城与徳が検挙された」ということだと思います。

一九四一年十月十二日、近衛首相の別邸、荻外荘で日米開戦決断に向けて、開戦派東條対慎重派近衛・豊田（貞次郎・外相）の攻防がくりひろげられました。日米開戦に行くか行かないか、最後の戦いでした。

激しい応酬です。しかし、とにもかくにも、とりあえず、妥協が成立しています。「とりあえず、妥協が成立した」という点が、近衛失脚とゾルゲ事件を考える上で重要です。妥協が成立したということは、**十月十二日の時点では、近衛首相は辞任しなければならないほど、追い込まれていません。**

一九四一年十月は、日米開戦に向けて、緊迫した状況が続きます。「荻外荘五相会議」が緊張の頂点です。荻外荘は荻窪の高台にあり、一九三七年、近衛文麿がこれを購入した時には、近くは善福寺川から遠くは富士山までの景勝を、一望のもとに見渡せる邸宅でした。

この別邸は日米開戦を挟んで、様々な歴史の舞台となっています。

近衛文麿は戦後一九四五年十二月十六日未明に、この荻外荘で青酸カリ服毒自殺をしています。十二月十六日は近衛氏が「巣鴨拘置所へ出頭せよ」と命じられていた日でした。満五十四歳です。

二〇一二年、この邸宅の所有者で近衛の次男・通隆氏が逝去したため、二〇一三年には杉並区が買い取り、二〇一五年三月、敷地の一部が荻外荘公園として整備・公開されました。

日米開戦の直前、十月十二日午後二時、この荻外荘で極めて重要な会議が開催され、近衛首相、豊田外相、東條陸相、及川海相、鈴木企画院総裁が出席しました。これが「荻外荘五相会議」で、日本が戦争に行くか行かないかを決める最後の議論が行なわれた会議です。

ここで何が論じられたか、重要なので事項別に整理します。

(1)御前会議の位置づけ

九月六日の御前会議で、天皇陛下を前に、交渉がまとまらない場合は、日本は対米戦争に入ることを公式に決定しました。

矢部貞治(やべていじ)著『近衛文麿』(一九五二年、弘文堂刊)の記述を見てみたいと思います。

東條陸相「日米交渉で駐兵問題は絶対に譲れない。米国に屈服する心算なら別である。そうでないなら交渉の見込みはない」

及川海相「今や戦争を決意するか、外交交渉を続けるかの関頭(ママ)に来た。交渉で行くなら、戦争準備を放棄して交渉一本で行くべきだ。但しそれは、交渉に見込みのある場合のことである。二、三カ月やって見て、途中で変更というのでは困る。外交で行くのなら、何年間かは戦争をやらぬ心算でやらねばならぬ。何れとも総理の裁断に俟つ」

近衛首相「外相の見込みはどうか」

豊田外相「交渉は相手のあることだから、絶対に確信ありとは言えない」

陸、海相「相当期間引っぱられてから、どうもこれじゃいかんというので、さあこれから戦争だと言われても困る。今ここで決めて貰いたい」

首相「いずれを取ってもリスクがある。いずれのリスクがより大きいかの問題だ。今日ここで決めよというなら、自分は交渉継続ということに決する」

陸相「外相は確信がないのではないか。外相の言い分では統帥部を説得することはできない。確信がある旨を聞きたい」

首相「双方を比較した上で、自分は交渉を択ぶ」

陸相「それは総理の主観的な意見に過ぎない。それでは統帥部を説得できぬ」

海相「同感である」

陸相「総理がその様に早急な結論を出されるのは困る。外相の意見を求める」

外相「それは条件次第だ。今日の最難点は駐兵問題だと思うが、この点で、陸軍が、従来の主張を一歩も譲らないということなら、交渉の見込みはない。（略）」

陸相「駐兵問題だけは、陸軍の生命であって絶対に譲れない」

首相「この際は名を捨てて実を取り、形式は米国の言う様にして、実質において駐兵と同じ結果を得ればよいではないか。とにかく自分はあくまで外交交渉を択ぶ。それにも拘らず戦争をやるというなら、自分は責任を負えない」

陸相「九月六日の御前会議で、外交交渉に見込みがなければ、開戦を決意すると決定したではないか。この会議には、総理も出席されたのだから、責任を取れぬということは理解できぬ」

首相「交渉の方により大なる確信があるに拘らず、確信のない方の途を行けというなら、責任を取れないというのだ。御前会議の決定は、外交交渉に見込みのない場合のことだ。今は見込みがないのではなく、むしろより大なる確信があるのだ」

鈴木企画院総裁「作戦の諸準備を打切ると決定した場合、果して軍部内を抑えることができるのか」

陸、海相「決定したとなれば、大丈夫抑えられる」

この様な烈しい議論の上、**陸相の提議で一つの申し合わせ**（書面ではない）**がなされた**。富田（孫崎注：富田健治、当時内閣書記官長）は、鈴木がその場で文案を書いたらしいし、或は陸相ではなく、鈴木が提議したのかと思うと述べている。

東條供述書（孫崎注：東京裁判における）及び木戸幸一（孫崎注：内大臣）の日記によると、その申し合わせは、

日米交渉においては、（イ）駐兵問題及びこれを中心とする諸政策を変更せざること、（ロ）**支那事変の成果に動揺を与えざることを以て、外交の成功を収め得ることに関し、略々統帥部の所望する時期までに確信を得ること**

右確信の上に外交妥協方針に進む

右決心を以て進む間は、作戦上の諸準備は之を打切ること

右に関し外相としての能否を研究すること

というのであった。

烈しい応酬でした。

しかし、一応、**妥協が成立しました。**

したがって、**十月十二日の段階では、近衛内閣は閣内不一致に追い込まれたという状況ではないのです。**

ゾルゲ事件で見れば、十月十日、宮城与徳が検挙された段階です。

一応合意の出来た「荻外荘五相会議」の二日後の十月十四日、東條陸相は一転、近衛内閣打倒に動き始めます

十月十四日、閣議の前に近衛首相は東條陸相と会談します。ここで近衛首相は持論を展開します。前掲書から引用します。

「外交交渉で他の諸点は成功の見込みがあるが、**中国からの撤兵問題が難題だ。名を捨てて実を取るという態度で、原則としては一応撤兵を認めることにしたい。**自分は支那事変に責任があるが、それが四年に亘ってまだ解決を見ない今日、更に前途の見透しのつかぬ大戦争に突入することは、何として

も同意できない」（中略）

これに対し東条は

「撤兵は軍の士気の上から同意できない。この際米国に屈すれば、彼は益々高圧的になって、停止する所がないであろう。（中略）総理の論は悲観に過ぎる。自国の弱点を知り過ぎる位知っているからだが、我のみに弱点があると考えてはならぬ。弱点は彼にもあるのだ」

十月十四日、日米開戦の最終決断を巡り、開戦派東條対慎重派近衛・豊田の最後の戦いが閣議で繰り広げられます。ここではあっけなく、東條が勝ちます。近衛首相は沈黙を守っています。「荻外荘五相会議」では日米開戦に最後まで近衛首相は反対しています。しかし、二日後の閣議では沈黙なのです

近衛首相が総辞職をする直前、日米開戦推進派の東條陸相と、慎重派の間で最後の議論が行なわれます。

慎重論を述べるのは、豊田貞次郎外相です。

それ以前の外相は松岡洋右（まつおかようすけ）でした。閣内で暴走する松岡外相に業（ごう）を煮やした近衛は、松

岡に大臣辞任を迫れば逆に閣内不一致で内閣が倒れると判断、機先を制して全閣僚から辞表を取り付けると急遽参内して内閣総辞職し、その場で改めて組閣の大命を受け、今度は松岡抜きの第三次近衛内閣を組織しました。これが三カ月前の七月十八日です。

このとき新たに外務大臣のポストに就いたのが、海軍出身の豊田です。豊田は若い時、オックスフォード大学に留学し、後にイギリス大使館附武官を務めていますので、海外情勢の感覚は十分持っています。

この閣議の模様を、佐藤賢了（一九四一年三月軍務局軍務課長に就任。東條英機の側近）著『大東亜戦争回顧録』（一九六六年、徳間書店刊）で見てみます。

　定例会議で東條陸相は言った。
「日米交渉の成功の確信の有無を外相にただしたい」

◎**豊田貞次郎**（とよだ・ていじろう／一八八五〜一九六一）海軍軍人、政治家、実業家。海軍兵学校卒業後、英国・オックスフォード大学に留学。英国大使館付武官、ロンドン海軍軍縮会議随員などを経て一九三一年、海軍省軍務局長。第三次近衛内閣で外相兼拓相。予備役編入後の四一年、日本製鉄社長に就任。戦後、貴族院議員。

●外相：交渉妥結の鍵は、支那に於ける駐兵問題、三国同盟、などである。米側は北部仏印への我軍行動に関しても言及している。重点は撤兵であり、撤兵すれば交渉妥結の見込がある（他情報を追加）。

●陸相：中国の駐兵問題を譲れば支那事変は全く水泡に帰し、満州事変の基礎を危うくする。

しかも北支那は赤化し、日本の敗北となる。

駐兵問題で譲ることは結局降伏に等しい。

首相その他、誰も発言する者はなかった。完全に閣内不一致に終わった。

東條陸相は近衛首相に総辞職を進言した。

近衛首相はその日のうちに総辞職を決意した。

豊田外相は、日本軍が中国本土（孫崎注：満州ではない）から日本軍が撤退すれば、日米合意が妥結する可能性はあるとの見解を持っています。

私も、日本が中国本土から撤退すれば、米国を含む列強は、日本が満州に居残るのは容認したであろうと思っています。したがって、豊田外相の主張は十分、論理的なものであると思います。

しかし中国本土に進出したのは陸軍です。中国本土からの撤退はたとえ合理的であっても、陸軍全体の容認するところではありません。陸軍を代表する東條には呑めない条件です。

さて、十四日の会議においては、東條は極めて強気です。近衛首相に総辞職を迫っています。

同じ問題を検討し、一応の合意に達したわずか二日前の十二日の会議よりも強硬です。

東條陸相は近衛首相の追い落としに動きます。
近衛首相に圧力をかけると共に、
東久邇宮を後継者に推進します

十四日夜、企画院総裁の鈴木貞一が、東條陸相の使者として、荻外荘の近衛首相を訪れます。

東條に近かった人物を総称して「三奸四愚」という言い方があることは71ページで述べましたが、鈴木貞一はその「三奸」の一人と言われた人物です。「三奸」は情報戦略の達人と言われた鈴木貞一、憲兵畑のエリート、加藤泊治郎、同じく憲兵のエリート、四方諒二（あるいは星野直樹）です。

私たちはすでに、加藤泊治郎が十月十二日に、木戸内大臣を訪れているのを見ました（65ページ）。東條側近の「三奸」中、二人が近衛辞任、東條首相就任の時に舞台裏で動いているのです。

一寸余談に入ります。

私は『日本人のための戦略的思考入門』（二〇一〇年、祥伝社新書）で日本人に戦略的思考が欠如していることを指摘しました。

ある時、元大蔵次官という経歴の人から、次の戒めを受けました。

「貴方は日本人には戦略的思考がないと強調しています。でもね、貴方は日本の政治に関係したことがないから、わからないかもしれないが、自民党の権謀術策には凄いものがあるんだよ」

つまり「奸」の活躍場面です。

ここで鈴木貞一は、近衛首相に東條からの伝言を伝えます。

「（九月六日の）御前会議に列席した首相初め陸海相、統帥府の総長は、皆輔弼の責を尽さなかったということになるから、この際皆辞職して、今までのことを御破算にして、もう一度練り直す以外はないと思う。

ところで陸海軍を抑えて、もう一度案を練り直す力のある者は、臣下にはないから、どうしても今度は後継内閣の首班には、宮様に出て頂くほかないと思う。その宮様は先ず東久邇宮殿下が最も適任と思う。

それで自分としては、総理に辞めてくれとは甚だ言いにくいけれど、事ここに至っては已むを得ない。どうか東久邇宮殿下を後継首相に奏請することに、御尽力願いたい」（矢部貞治著『近衛文麿』）

さらに鈴木は、次の東條の意向も伝えます。

「これ以上総理に会っても、もう言うことはないし、却って感情を害するだけだから、以後は会いたくない」（同前）

鈴木貞一は同じ内容を、十五日に木戸内相、十六日には東久邇宮殿下に伝えます。ここに実に巧妙な仕掛けがあったと思います。「三奸四愚」の中の「奸」の一人は、東條からの伝言として、次のことを述べています。

❶このままでは、現内閣でいけない
❷次の内閣は陸海軍を抑えられる人物でなければならない
❸それを出来るのは宮様しかいない
❹宮様になってもらうために近衛氏は退くべきである

近衛首相は❹の選択肢を念頭に、退任を決意します。

しかし、天皇は❹の選択を取りません。近衛はすでに首相を辞めています。皇族首相がなしとなれば、後は軍を収められる人物がほかにいないということで、自動的に東條に首相の座が転がってきます。

近衛首相は東久邇宮に会います。東久邇宮は自分の首相就任は留保しますが、「東條を切れ」と助言します。

この間の事情を、引き続き、矢部貞治著『近衛文麿』で見ていきたいと思います。

十五日の夜、近衛は、新聞記者の眼をまいて、東久邇宮と会見した。東久邇宮談によると、近衛は事情を詳述して出馬を求めたので、宮様は

「事が余り急なのと意外なのとで、今何とも返事はできない。二、三日熟考し、且つ陸軍大臣、内大臣とも面談したい」

と答え、更に近衛に

「日米開戦は最も重大な事だから、なるべく戦争を避ける様に努めるのがよい。東条陸相が反対なら、東条を辞めさせて内閣の大改造をやり、日米交渉を続けるがよいと思う。もう一度最後の踏ん張りをやって御覧なさい。（中略）私は、皇族が首相になるのは成るべく避けるがよいと思う。**しかしあなたが勇断を以て内閣を改造しても、陸軍を抑えることができなかったら、最後の場合は私が引受けよう。**或は私は殺されるかも知れぬが、やって見よう。どうか勇気を出してもう一度考え直してほしい」

と言われた。

富田健治によると、東久邇宮はこの時

「開戦を延ばすため、半年くらいやるのだなア」

とも言われ、又

「実は今日木村陸軍次官が来て、陸軍の一致した見解は、外交交渉見込みなしというにあるから、殿下もお含み下さいと言っていたのに、自分に出てくれなどというのはおかしいナ」

とも言われたとのことである。

ここで東久邇宮の案は、

第一案、東條を切って、新たな内閣を近衛が組閣する、

第二案　それでもだめなら自分が組閣することも考慮する、

というものでした。

東久邇宮は陸軍に入り、一九〇八年、陸軍士官学校（二十期）、一九一四年、陸軍大学校（二十六期）を卒業、第二師団長・第四師団長・陸軍航空本部長を歴任し、日中戦争では第二軍司令官として華北に駐留するという軍歴を持っています。明治天皇の第九皇女泰宮聡子（やすのみやとしこ）内親王と結婚をしています。ポツダム宣言受諾の三日後の一九四五年八月十七日、戦後最初の内閣総理大臣に任命されています。したがって当然、東條を抑えるだけの政治力は持っています。

東條陸相は近衛首相の追い落としに動きます。

近衛首相に圧力をかけると共に、東久邇宮を後継者に推進します。

天皇、木戸内大臣はこれに反対します

十五日、近衛首相は天皇の意向を伺います。

天皇は「皇族が政治の局に立つことは、余程考えなければならぬと思う。殊に平和の時ならよいが、戦争にでもなるという虞れのある場合には尚更、皇室のためから考えてもどうかと思う」と述べます。

近衛首相は「絶対に御反対であらせられる様にも拝せられなかった」と記しています（矢部貞治著『近衛文麿』）。

首相の座をめぐる激しい攻防戦の中でゾルゲ事件は起こっているのです。私はゾルゲ事件の核心は、近衛追い落としであると見ています。

近衛首相に近かったグループ「昭和研究会」は、一九四〇年十一月に廃止されました。まさにこの時期、特高が尾崎秀実の身辺を洗い始めたのです。

ここで近衛首相に近かった人々を見てみたいと思います。

一つには「朝食会」と呼ばれるグループがあります。総理大臣秘書官の牛場友彦と岸道三が、学者・新聞記者・評論家のうち、政治経済に明るい者たちを選別し、これらの人々から意見・情報を得るために懇談を交わしたもので、当初のメンバーは尾崎秀実、西園寺公一、佐々弘雄（東京朝日新聞社社員）、笠信太郎、蠟山政道（東京帝国大学法学部教授）、渡邉佐平（法政大学教授）であり、内閣書記官長の風見章が同席していました。

この中の尾崎秀実はゾルゲ事件で死刑判決、西園寺公一は一九四二年三月に検挙され同年五月起訴、禁錮一年六カ月、執行猶予二年の判決を受け、西園寺家の嫡男としての爵位継承権を剝奪されています。風見も証人として検察当局の尋問を受けるなど社会的に苦境に立ち、一九四二年四月の翼賛選挙には出馬できませんでした。笠信太郎は一九四〇年十月からドイツ駐在です。

その他、近衛に近いグループに、「昭和研究会」があります。一九三三年十月に設立され、一九四〇年十一月に廃止されました。

常務委員には、次の人々がいました。

大蔵公望（国策調査・研究機関である東亜研究所の副総裁）、賀屋興宣（第一次近衛内閣で大蔵大臣、東條内閣で再び大蔵大臣就任、日米開戦には消極的）、唐沢俊樹（内務官僚）、後藤文夫（内務官僚、一九四二年大政翼賛会事務総長）、後藤隆之助（大政翼賛会組織局長）、佐々弘雄（前出）、高橋亀吉（日本の民間エコノミストの草分け的存在）、那須皓（農学者）、東畑精一（農学者）、野崎龍七（経済ジャーナリスト）、田島道治（銀行家）、山崎靖純（時事新報、後に読売新聞）、松井春生（内務官僚）、三木清（哲学者）、蠟山政道（前出）。

この昭和研究会は、平沼騏一郎など国粋主義を掲げる政治家・官僚・右翼から「アカ」として批判・攻撃されるようになり、経済政策も財界から反対にあい、結局解散します。「朝食会」のメンバーにしろ、「昭和研究会」にしろ、気づくのはメンバーが政策通なことです。

一方、東條側は、陸軍をバックに抱え、さらに「三奸」の鈴木貞一、加藤泊治郎、四方諒二等が、憲兵隊などの実力行使機関を牛耳っています。大体において、リベラル的勢力はこうした実力派に、打破されています。

◎西園寺公一（さいおんじ・きんかず／一九〇六〜九三）政治家。元老・西園寺公望の孫。英国・オックスフォード大卒。一九三四年、外務省嘱託。三六年、太平洋問題調査会ヨセミテ会議で尾崎秀実と知り合う。近衛のブレーン「朝食会」一員として対英米和平外交を軸に政治活動を展開。四二年にゾルゲ事件で検挙・起訴され、禁錮一年六カ月、執行猶予二年の判決を受ける。

世界史的に見れば、ロシアのケレンスキー内閣（一九一七年七月二十一日〜十一月八日）、イラン革命時のバフティヤール首相（一九七九年一月四日〜二月十一日）、同じくイラン首相のメフディー・バーザルガーン（一九七九年二月四日〜十一月六日）など、短期間で放逐された例があり、戦後の日本の首相でも、細川内閣、鳩山内閣等いくつかのケースがあります。

実力行使と言えば、国内政治では検察がしばしば重要な役割を果たします。

私たちはすでに、太田耐造・司法省刑事局第六課長について井本臺吉が、「太田さん自身がいろいろ政界の上層部や軍に親しかったからね。（中略）われわれの受けた感じでは、近衛新体制などには反対のような印象だったな。結局、昭和研究会か、ああいう種類のものについては大変目を光らして押え付けるという傾向だった記憶があるがね」という発言を見ました（83ページ）。

昭和研究会は、「アカ」として批判・攻撃され、一九四〇年十一月に廃止になりますが、この時期、尾崎秀実自身、監視が強くなったと自覚しています（中西功に対する尾崎の証言。103ページ）。

尾崎を狙う流れは、決して「伊藤律の北林トモの自供から出た」という話ではありません。

井本臺吉の「伊藤律なんか殆ど関係ないよ。あれを伊藤律が全部ばらしたようにしちゃったんだね」との談話は、ここにつながってきます。

北林トモの線から何も出ませんでした。

したがって彼女の名前を出した伊藤律の罪もないはずです。

でも日本の警察は、ゾルゲをソ連のスパイとみなしています。

ドイツ大使館は無罪とみているにもかかわらず。

ここがゾルゲ事件の解明すべき点です

北林トモが逮捕されたのは、一九四一年九月二十八日です。

すべてはここから出発ということになっていますが、尾崎秀実の監視は一九四〇年後半から実施されているのです。

ゾルゲについても、北林トモの逮捕以前に監視体制が強化されています。

日本の警察が、ゾルゲとコミンテルンとの関係を疑って、ドイツに調査に行ったという記述もどこかにありましたが、具体的根拠は記されていませんでした。

ゾルゲの愛人であった石井花子著『人間ゾルゲ』に、次の記述があります。

八月のある日、ゾルゲが出かけてしまった夕方、（中略）玄関に三十二、三歳の背広服の男の人が立っていて、署の者だがと告げた。「主任さんがあなたに用があるので、ちょっと同行してくれませんか？」と言う。わたしはビクンとしたが、すぐいっしょに出かけた。鳥居坂署は二分とかからぬ、つい目と鼻の先にあった。

日独伊三国同盟は一九四〇年九月二十七日に成立しています。日本とドイツは同盟国です。

ゾルゲはドイツの新聞の特派員です。したがって、ドイツ大使館でオット大使とも極めて近い関係にあります。

この時期、特高は「外人と見たらすべてスパイと思え」と執拗な追跡を行なっていますが、そのゾルゲの愛人に「ちょっと来い」はありません。

私たちはすでに、ゾルゲ事件を担当した井本臺吉の「伊藤律なんか殆ど関係ないよ。あれを伊藤律が全部ばらしたようにしちゃったんだね」という台詞を見ました。

つまり、尾崎、ゾルゲが怪しいとしたのは、伊藤律→北林トモ→宮城与徳ルート以外の、より有力なソースが存在していたということです。

この時期、在京ドイツ大使館はゾルゲを疑っていません。ドイツはゾルゲの「スパイ容疑」で身辺調査を一時実施しましたが、シロの判断が出ています。

では、「ゾルゲがソ連のスパイらしい」という情報は、どこから出てきたのでしょうか。

ゾルゲの行動は極めて慎重です。軍との接点は自ら絶っています。日本では日本共産党とも接触していません。尾崎秀実と会ってはいますが、尾崎は共産党員でありませんし、ソ連大使館員とも直接接触はしていません。

同盟国のジャーナリスト、しかも大使が最も信頼している人物、ドイツ側がコミンテルンとの容疑を否認している人物、その愛人に向かって「ちょっと来い」と言うのには、かなりの確信があったはずです。

「ゾルゲが怪しい」という情報は、どこから来たのでしょうか。

「野坂スパイ説の根拠」（白井久也著『未完のゾルゲ事件』）

白井久也氏は朝日新聞社記者で、一九七五年から七九年までモスクワ支局長を務め、その後、編集委員をされた人です。私もモスクワで滞在時期がちょっとだけ重なるのですが、ソ連政権に食い込んで取材をする特異な記者でした。

白井氏はその後、ゾルゲ事件を追い、ゾルゲ事件の研究では最も時間をかけ追求してきた人物ではないかと思います。この彼が、冷戦崩壊後、『未完のゾルゲ事件』（一九九四年、恒文社刊）を出しました。

そこの記述を引用します。

●野坂参三（のさかさんぞう）は、本人の自伝『風雪のあゆみ』によると、一九三四年（昭和九）と三七年の二回にわたって、コミンテルン要員として対日非公然活動を行なうため、モスクワから米国へ密かに渡った。（中略）

野坂の滞在期間は、第一回目が約一年、第二回目が約二年に及んだ。

●元毎日新聞外信部長の国際ジャーナリスト、大森実（おおもりみのる）の戦後秘史シリーズ3『祖国革命工作』（孫崎注：一九七五年、講談社刊）によると、元来、コミンテルンと日本を結ぶ秘密の地下接触ルートは、極東のウラジオストクや中国の上海に拠点があった。ところが満州事変（一九三一年）後の日本の中国侵略の拡大によって、これらの地下接触ルートが機能不全に陥った。このためコミンテルンは、（中略）コミンテルン初代日本代表として活躍した片山潜が創設に参画した米国共産党の勢力伸長が著しく、日系移民共産党員が多い米国西海岸に、新たな対日秘密接触ルートの根拠地を作ることになり、その工作員として野坂が米国へ派遣されたのであった。

●コミンテルンの最終大会となった三五年の第七回大会は、ゲオルギー・ディミトロフの報告に基づき、（中略）反ファシズム人民戦線の樹立をめざす方針を、明確に打ち出した。

●（一九九三年五月、ジェームス・オダ氏〈日系帰米二世、日本共産党、野坂参三の研究家〉に取材した際）このときオダは、ゾルゲ事件に言及。「ゾルゲ諜報団摘発に協力したのは野坂であって、北林トモ、伊藤律が事件摘発の糸口というのは、野坂の存在を隠すために特高が張った煙幕にほかならない」と語った。

●（一九）三九年頃から華北の日本軍占領地域で暗躍するようになった野坂は、日中戦争期に日本へ数回こっそり潜入して、日本官憲にゾルゲ諜報団について報告した、という推測である。

●野坂が書いた『風雪のあゆみ』には、ゾルゲ事件に関する記述は、一行もない。（中略）私は本人に事実を確かめるため、東京・田園調布の野坂邸を訪ねて面会を求めた。玄関に出てきた家人（女性）に用件を伝えると、門の向こう側で、「（中略）すべて面会をお断わりしています。どうぞお引き取りください」と答えるだけで、本人に取り次いでもらえなかった。

●野坂参三については、最近、スパイ説をめぐる疑惑が、一層深まるばかりである。

一九九四年八月二十七日のワシントン発共同通信電によると、野坂は戦時中、中国共産党八路軍の根拠地延安で、米国の対日宣伝・情報工作に協力していた事実が、米国国立公文書館で共同通信が入手した連合国最高司令官総司令部（GHQ）対敵諜報部（CIC）報告など数千ページの極秘文書から明らかになった。（中略）党を除名された袴田里見や伊藤律が以前から指摘していた野坂スパイ説が、これによって一段と信憑性を帯びることとなった。

以上が白井久也氏の「野坂スパイ説の根拠」の根拠です。

別の角度から見てみたいと思います。

野坂参三には、「外国人向け政治学校東方勤労者共産大学（クートヴェ）で秘密訓練を受け、コミンテルン、内務人民委員部（NKVD）のスパイになった」という風説がありますが、白井氏の同書でも、小林峻一(こばやししゅんいち)、加藤昭(かとうあきら)著『闇の男　野坂参三の百年』（一九九三年、文藝春秋社刊）からのあらましとして、

一九三三年（昭和八）にモスクワ入りした福永ら米国亡命組は、すぐに、コミンテルン執行委員会で働いているオカノ（原著者注＝野坂参三）（中略）に連絡を取り、ソ連在住に必要な書類を用意してもらった。ソ連に政治亡命してきた日本人や、日本から公式に派遣されてきた共産党関係者は、必ずコミンテルン執行委員会のオカノのもとに連絡する慣例になっていたのだ。（中略）オカノはこのとき（中略）ソ連では朝鮮名を名乗るよう指示した。（中略）

米国亡命組はオカノの口利きで約一年間、クートヴェ（東方勤労者共産大学）で教育を受けた。

と、野坂参三がコミンテルン執行委員会で働いていることを記述しています。

さらに『未完のゾルゲ事件』は、ゾルゲの訪日の件を、次のように記述しています。

ゾルゲがドイツの『フランクフルター・ツァイトゥング』紙の特派員を装って来日したのは、一九三三年九月である。（中略）ゾルゲの対日派遣に当たり、前もって、ゾルゲの日本での諜報活動に関する秘密の打ち合わせ会議が、本人を交えてモスクワで前後十回ほど開かれた。赤軍参謀本部第四部長のベルジン大将（孫崎注：ゾルゲの上司）の他、コミンテルン本部、ソ連共産党中央委員会、外務人民委員部（外務省の前身）、国家政治保安部（GPU（ゲーペーウー））などの関係者十数人が出席した。

野坂参三がこの会議に出たかどうかはわかりません。しかし、この時期、野坂はコミンテルンで働いています。野坂参三は日本人の誰よりも、「ゾルゲがソ連のスパイ」ということを知っています。

野坂参三については、前掲の小林峻一、加藤昭著『闇の男』では、日本の当局を含め、三重、四重のスパイ説が記載されていますが、それはまだ風説の域を出ていません。

この項について出版前に渡部富哉氏に見解をうかがったところ、いくつかの点で事実と異なる場面がある、この部分は削除が望ましいのではないかとの助言を得ました。ただし、この部分は解明されるべき点が残存していることも事実で、今後の論争を生んだほうが望ましいと考え、あえて記載させていただきます。

第二次大戦中、米国共産党と米国陸軍は協力関係にあります

米国共産党は基本的にソ連のスターリンの政策を支持していましたので、スターリンの政策の変化に応じて、立場を変えています。時系列で整理すると以下のとおりです。

- 反ナチ統一戦線の呼びかけ（一九三五～三九年）　一九三五年のコミンテルン第七回大会で、反ファシズム人民戦線樹立を目指す方針が出され、ルーズベルト大統領を支援する立場を取ります。国際的にはスペイン内戦（一九三六～三九年）に義勇兵として参加します。スペイン内戦にはアンドレ・マルロー元仏文化大臣や作家ヘミングウェイが参加していますが、義勇兵の全構成員の六〇％から八五％は共産党員だったといわれています。
- 一九三九年八月二十三日、独ソ不可侵条約の締結で米国共産党は大きく揺れ、七万五〇〇〇名いた党員の相当数が離脱します。同年十月にはコミン

テルンのディミトロフ書記長の指示で反ナチ運動を止め、平和を唱え、ルーズベルト大統領への支援も止めます。

- 一九四一年六月二十二日、ドイツのソ連侵攻後、米国共産党は米国における最も積極的な参戦論を展開します。

こうしてみますと、❶米国共産党は、米国の参戦を強く望んだ、❷しかしそれは一九四一年六月二十二日以後のことである、❸近衛内閣は米国との戦争を回避したいという流れであるから、この内閣を排除することが望ましい、❹そのために近衛に近い「尾崎－ゾルゲライン」を暴露することは、きわめて効果的である、と考えたであろうことは想定できますが、その行動が許されるには、それまで独ソ不可侵条約を擁護していたことを考えますと、極めて限られた時間しかありません。

六月二十二日ドイツのソ連侵攻後、米国共産党が日本共産党の誰かを使って動いた形跡がないか、これを実証付けるものは、まだ見ていません。

ゾルゲ事件でも出てくるアグネス・スメドレイ（米国人ジャーナリスト。小説家。中国革命運動の報道に従事。ゾルゲ事件に関連した容疑を受けたほか、赤狩りの対象になった）が、一九四一年春、米国国内で対日戦争を呼びかけていたという記述をどこかで見たのですが、今となってはどこに書かれていたのか、わかりません。
ただこの時期、次の動きがあったことに留意しておきたいと思います。

❶中国共産党は日本軍と戦っていた
❷米国陸軍は、ビルマ・ルートなどで中国共産党に武器供与を行なっていた
❸スメドレイや米国共産党は、中国共産党を支援していた
❹米国陸軍とスメドレイたちは、米国が日本と戦争をすることに共通の利益を見出していた。この中にはコミンテルン系も含まれている。米国共産党は米国内で最も強く参戦を主張している
❺日米開戦に反対するのは近衛内閣であるから、近衛内閣打倒は、彼らにとっての利益になる
❻「ソ連—ゾルゲ—尾崎ライン」の存在を日本の官憲に知らせれば、近衛内閣は崩壊する

という図式は考えられます。
ただ残念ながら、これには実証的裏付けが、何もありません。

[第二章]

冷戦とゾルゲ事件

今日のゾルゲ事件の評価は、
二つの大きな文献で大体の流れが決まっています。
一つはゾルゲ・グループ逮捕時の関連文書、
今一つはウィロビー著『赤色スパイ団の全貌―ゾルゲ事件』です

今日のゾルゲ事件の評価は、二つの大きな文献で大体の流れが決まっています。一つはゾルゲ・グループ逮捕時の警察、検事、裁判所発表の文書、さらに裁判と関係して発表された「ゾルゲの手記」等です。尾崎秀実（おざきほつみ）自身が書いた『ゾルゲ事件 上申書』（岩波現代文庫）も、獄中で書かれたものですから、残念ながら、当局の意向が入ったものと見なさざるを得ません。

今一つは、第二次大戦後、この事件についての米国陸軍省による発表です。これには二つ大きな動きがあり、❶一つは一九四九年一月十日、ゾルゲ事件に関する陸軍省の発表であり、❷今一つはウィロビー元連合国軍最高司令官総司令部参謀第二部（G2）部長が一九五二年（邦訳は一九五三年）出版した『赤色スパイ団の全貌―ゾルゲ事件（原題：SHANGHAI CONSPIRACY THE SORGE SPY RING）』です。特に、後者によって、国際的な関心が広がりました。

ただ、両者は基本的には同一の情報です。米側の発表は基本的には、日本の警察、検事、裁判所発表の文書を基礎にしています。

一九四九年一月十日の陸軍省発表についての、日本における新聞の報道ぶりを見てみます。これが、「ゾルゲ事件の扱い方」の本質を見せています

一九四九年一月十一日付朝日新聞の見出しです。

「日独から機密を探る」「推理小説さながらのソ連スパイ」「『発端』は伊藤氏取り調べ」

「日独から機密を探る」「推理小説さながらのソ連スパイ」は特に問題ありません。問題は、次の「『発端』は伊藤氏取り調べ」という見出しです。

ゾルゲ事件は、ゾルゲ、尾崎が死刑判決を受け、処刑が執行されました。北林トモは有罪で、仮釈放後に死亡しています。ニュース・バリューが欲しいのであれば、元老・西園寺公望の孫、西園寺公一も関与していますし（尾崎への情報提供の容疑で検挙）、元首相犬養毅の子で、一九四九年一月には民主党党首に就いた犬養健も検挙されています。それにもかかわらず、「『発端』は伊藤氏取り調べ」が大きく扱われています。何か意図的なものが感じられないでしょうか。

ゾルゲ事件では諜報機関員一七名、非諜報機関員一八名が検挙されているのですが、伊藤律はこの検挙者には入っていません。

伊藤律は基本的にゾルゲ事件とは関係ないのです。その人が、なぜ、ゾルゲ事件の報道の見出しになるのでしょうか。

ゾルゲ事件の発端は、「伊藤律の自供中、米国共産党日本人部員某女（北林トモ、五十六歳）の既に帰国してスパイ活動の容疑あるやの陳述ありたるを以て直ちに（中略）周到なる内偵を加え」（内務省警保局保安課作成「ゾルゲを中心とせる国際諜報団事件」）とされています。

しかし、❶外事課は、北林トモの監視は伊藤氏の自供以前から行なっていること、❷北林トモは和歌山県の夫の自宅に帰っており、彼女を一年間監視したが何も出てこなかったということで、ゾルゲ事件を伊藤律と結び付けるのが無理なことは、すでに見てきたとおりです。

伊藤律は、決してゾルゲ事件の主役でもなければ主要プレイヤーでもない。法律的には起訴もされなかった無関係な人間です。

私たちは、ゾルゲ事件を担当した検事、井本臺吉が「伊藤律が全部ばらしたようなことをよく書いておるのだけれども、伊藤律なんか殆ど関係ないよ。あれを伊藤律が全部ばらしたようにしちゃったんだね」と発言しているのを見ました（110ページ）が、戦後になっても、事実と異なることが、新聞の見出しになる、その異常さがゾルゲ事件の本質を示しています。

ゾルゲ事件では、朝日新聞は被告席にいます。尾崎秀実は朝日新聞の社員でしたし、尾崎を昭和研究会などに引き入れ、近衛首相との接点を作ったのは朝日新聞の佐々弘雄です。ゾルゲ事件公表時の一九四九年一月、論説主幹であった笠信太郎は近衛内閣の朝食会のメンバーであると同時に、戦中記者としてスイス滞在の時にはアメリカの情報機関ＯＳＳ（アメリカ戦略情報局、ＣＩＡの前身）の欧州総局長であったアレン・ダレス（後のＣＩＡ長官）と接点を持っています。

ゾルゲ事件についての陸軍省の解説が、この発表の本質をついています

一月十一日、朝日新聞は別途次の報道をしています。

「ワシントン十日発

米陸軍省は十日、ゾルゲ事件に関連し、ソヴィエトスパイ活動を詳細に報道したが、その報告は、米国人に対し、米国内のスパイ活動に注意せよと警告することを目的としたものであり、共産党のシンパ（同情者）は容易に第一級のスパイとなりうることを指摘し、共産主義に同情を示す米国人を警戒するよう告げている」

極めて、目的が明白な解説です。

ゾルゲ事件は、共産主義の脅威に対する警告に使われたのです。ですから、本来事件の当事者ではない伊藤律について、朝日新聞が「『発端』は伊藤氏取り調べ」という見出しを付けているのです。

さらに、「共産党のシンパ（同情者）は容易に第一級のスパイとなりうることを指摘し、共産主義に同情を示す米国人を警戒するよう」としています。

米国では「赤狩り」がまさに、起ころうとする時です。

赤狩り（Red Scare）は、政府が国内の共産党員およびそのシンパ（sympathizer：同調者、支持者）を、公職を代表とする職などから追放することで、第二次世界大戦後の冷戦を背景に、主にアメリカとその友好国である西側諸国で行なわれたものです。

「ゾルゲ事件」は、まさに、赤狩りを実施していくための格好の宣伝材料でした。そのことは、「ゾルゲ事件」は「赤狩り」に都合のよいように、実態を歪めて宣伝されていくという宿命を持っていました。

一九四九年、日本では一方で共産党勢力が伸び、一方で「逆コース」が始まるせめぎ合いの最大の山場です

日本共産党の、戦後の衆議院における議席数の推移を見てみます。

米国陸軍が、ゾルゲ事件を発表した時には、共産党の勢いはちょうどピークに達しています。ところが、その次の総選挙では、当選者ゼロになります。

第二十二回総選挙（一九四六年四月十日）　当選五名
第二十三回総選挙（一九四七年四月二十五日）　当選四名
第二十四回総選挙（**一九四九年一月二十三日**）　**当選三五名**

第二十五回総選挙（一九五二年十月一日）　当選〇名
第二十六回総選挙（一九五三年四月十九日）　当選一名
第二十七回総選挙（一九五五年二月二十七日）　当選二名
第二十八回総選挙（一九五八年五月二十二日）　当選一名
第二十九回総選挙（一九六〇年十一月二十日）　当選三名

共産党の動向を、ちょっと見ておきます。

一九五〇年五月にはマッカーサーが、「共産主義陣営による日本侵略に協力している」として、日本共産党の非合法化を検討しているとの声明を出しました。

六月には、マッカーサーは共産党の国会議員など二四人の公職追放・政治活動の禁止（レッドパージ）を指令します。

七月には九人の共産党幹部（徳田球一、野坂参三、志田重男、伊藤律、長谷川浩、紺野与次郎、春日正一、竹中恒三郎、松本三益）に対し、団体等規正令違反で逮捕状が出されます。公職追放となり、逮捕状が出された徳田球一や野坂参三らは、中央委員会を解体して非合法活動に移行します。

あわせて、日本国内では、「逆コース」という動きが出ます。

［一九四九年］

●統合参謀本部が、日本に限定的な再軍備を容認する方針を決定（再軍備準備）。

●東京都で公安条例施行（首都におけるデモ規制）。

●下山事件、三鷹事件、松川事件（国鉄三大ミステリー事件）に日本共産党や労働組合関係者の関与が疑われ、共産党によるテロ・破壊活動であると宣伝される（反共・反労働運動プロパガンダ）。

●イールズによる、同年七月十九日「共産主義教授は除かれるべき」との声明。ウォルター・クロスビー・イールズは、連合国軍最高司令官総司令部民間情報教育局顧問。これにより、いくつかの大学では〝アカ教員〟に対する退職勧告が行なわれたほか、小・中・高校の教職員約二〇〇〇人が解雇された。

［一九五〇年］

●警察予備隊の創設（再軍備）。

●レッドパージの開始。

●日本共産党の機関紙「アカハタ」の発行停止。

●A級戦犯の減刑・釈放。
●キャノン機関の暗躍（日本における反共工作）。

そして、一九四九年二月十三日付の朝日新聞は、吉田首相が**「米国の非米活動委員会と同様の非日委員会を設置する計画を進めている」**と発言したと報じます。非米活動委員会については、後ほど説明しますが、「赤狩り」の主要な舞台となった機関で、「ゾルゲ事件」がまさに取り上げられた場所です。

私たちはゾルゲ事件の報道で、朝日新聞が「日独から機密を探る」「推理小説さながらのソ連スパイ」と並んで、「『発端』は伊藤氏取り調べ」という見出しを付けたことを見ました（151ページ）。

これが、共産党を揺さぶります。一九五五年九月十五日、日本共産党は、伊藤律についての常任幹部会発表を行ないます。

「伊藤律は特高宮下弘らに対し、北林トモを売り渡したこと、毎月一回ずつ警視庁を訪れて進歩的な人々の情報を提供することを条件として九月に釈放された」

ＧＨＱ参謀第二部（Ｇ２）部長のウィロビーが、一九五二年にアメリカで出版した『赤色スパイ団の全貌―ゾルゲ事件（原題：SHANGHAI CONSPIRACY）』は、ゾルゲ事件が世界的に注目される契機となりました。

この本は、作家や歴史家が書いたものではありません。著者は第二次大戦後、連合国軍最高司令官の麾下（きか）として、戦後の日本の進路に大きい影響を与えたウィロビーです。

参謀第二部（Ｇ２）は、諜報部門です。第二次大戦後、Ｇ２は日本において特異な行動をしました。

戦後米国の狙いは、日本を再び戦争をしない国にすることでした。一九四六年十一月三日公布の日本国憲法は、その代表的なものです。政治的にも共産党が合法化され、労働組合の活動も奨励されました。これを主導したのがＧＨＱの民政局です。つまり、占領政策を日本政府に指示する部局です。

今日、日本の人々はほとんど知りませんが、日本は一九四五年九月二日に降伏文書に署名し、「『ポツダム』宣言ノ条項ヲ誠実ニ履行スルコト竝ニ右宣言ヲ実施スル為聯合国最高司令官又ハ其ノ他特定ノ聯合国代表者ガ要求スルコトアルベキ一切ノ命令ヲ発シ且斯ル一切ノ措置ヲ執ル」と約束しています。これに従って連合国側は、日本政府に指示する権限を持っていました。その民政局局長がホイットニー准将で、その下に、局長代理のケーディス大佐がいました。

これに対立するのが参謀第二部（G2）で、その長がウィロビーです。ソ連との対立が激化してくると、このG2が勢力を拡大します。

占領下日本では、様々な疑惑を生む事件が起こっています。

松本清張は『日本の黒い霧』として下山事件、昭電・造船疑獄、白鳥事件、ラストヴォロフ事件、伊藤律事件、接収ダイヤ問題、帝銀事件、鹿地亘事件、松川事件、追放とレッドパージなどをあげていますが、こうした事件の多くは、参謀第二部、つまり、ウィロビーと関係があったと推定されています。

その内の一つ、下山事件は、次のようなものです。

一九四九年六月に発足した国鉄の初代総裁に就任した下山定則は、七月五日午前九時三七分頃、公用車から降り、「五分くらいだから待ってくれ」と運転手に告げ、急ぎ足で日本橋の三越に入り、そのまま消息を絶ったのです。そして翌六日午前〇時三〇分過ぎ、足立区綾瀬の国鉄常磐線北千住駅―綾瀬駅間で汽車に轢断された遺体で発見されました。自殺か他殺か。他殺なら誰の仕業か、いまだ真相は不明です。この事件で松本清張は、アメリカ陸軍防諜部隊が事件に関わったと推理しました。

このころ、総司令部内でも抗争が起こります。民主化を進めていたケーディス大佐は鳥尾(とりお)鶴代(つるよ)旧子爵夫人との関係が暴露されて失脚し、米国の占領政策は民主化推進から軍国化へと、路線が切り替わりました。

このウィロビーが、一九五一年八月に米国下院非米活動調査委員会で証言した内容を基に、一九五二年に出版されたのが、『赤色スパイ団の全貌―ゾルゲ事件』です。後で詳細に見ますが、「非米活動調査委員会」は、共産主義の脅威を追及していました。

したがって、『赤色スパイ団の全貌―ゾルゲ事件』は、決して単なる歴史書でもなければ学術書でもありません。政治的意図を強く持った書です。これが、世界でゾルゲ事件の関心を再度集めました。ですから、同書に影響された「ゾルゲ事件」像は、「非米活動調査委員会」で弾劾された多くの人々と同じように、歪められたものとなりました。

◎チャールズ・アンドリュー・ウィロビー（一八九二～一九七二）
米国陸軍軍人。少将。ドイツ・ハイデルブルク出身。一九一〇年米国に帰化。第二次世界大戦下、マッカーサー将軍の情報参謀として活躍。戦後は連合国軍最高司令官総司令部（GHQ）参謀第二部（G2）部長。反共主義者として知られ、「赤狩りのウィロビー」とも呼ばれた。

同書は、**マッカーサーによる序文**から始まります。

ウィロビー将軍の著書"SHANGHAI CONSPIRACY"は、リヒアルト・ゾルゲ事件を取扱つたもので、本書は、今日尚行われている**世界的規模の共産主義のサボ及び裏切り行為を鮮明に描いている点で重要な意義を持つ**ものであると信ずるものである。

つまり、この本は、「世界的規模の共産主義のサボ及び裏切り」を描くことを目的としています。その記述の一部を見てみたいと思います。

太平洋戦争勃発の直前、ソヴエート赤色スパイ団の一味が、日本に於て検挙された。この、リヒアルト・ゾルゲを首魁とする赤色陰謀団は、世界スパイ史空前のものといわれているのである。（中略）リヒアルト・ゾルゲ博士及びその一味の（略）仕事の方法は、**現在及び未来の警告**となり得るに充分である。九ヵ年の長きにわたつて、彼等は精神的祖国ソヴエート・ロシアのために日本に於て、巧妙且つ大胆なスパイ団とし

て働いていた。（中略）

一九四一年六月以降のゾルゲ・スパイ団の主要目標は、日本のソ連攻撃計画に関する情報蒐集であつた。当時、ソ連はドイツ軍の西部ロシア侵攻をうけて、ソ連陸軍は大打撃を蒙つていた。依つて、シベリア方面の駐屯軍を西部戦線に補充する必要を生じたが、日ソ関係も微妙な状態にあつたので、赤軍はシベリアの防備をゆるがせには出来なかつたのである。

ソ連は西部にドイツ軍の侵入をうけ、東部に日本軍の脅威を感じ、全くの窮地に陥ち入つていたので、日本のソ連攻撃の意志の有無を確聞したかつたのである。

ここに於て、ゾルゲの『日本軍はソ連攻撃の意志なし』との情報に基き、ソ連はシベリア師団を西部戦線に送ることが出来、モスクワの防備を完うすることが出来たのである。

このウィロビーの記述には様々な問題点がありますが、ここでは、❶ゾルゲ・スパイ団の主要目標は日本のソ連攻撃計画に関する情報蒐集である、❷ゾルゲの『日本軍はソ連攻撃の意志なし』との情報に基き、ソ連はシベリア師団を西部戦線に送ることが出来、モスクワの防備を全うすることが出来たとしていることです。

つまり、「赤色陰謀団」のあげた業績は大変なものである、第二次大戦の帰趨を左右するくらい、重大な成果を上げた、冷戦の今、我々は注意しないと同じようなことが、別の「赤色陰謀団」によって、冷戦の運命を左右する事態を招くであろうというものです。

では、ゾルゲたちは本当に『日本軍はソ連攻撃の意志なし』との情報を十分に送っていたのでしょうか。もしこの情報の提供が不十分であれば、「世界スパイ史空前のもの」という評価は、根底から崩れます。

そして本書では、ゾルゲによるソ連に向けての『日本軍はソ連攻撃の意志なし』との情報は、タイミング的にも、内容からも不十分であったことを証明していくことになります。

ここでもまた、ゾルゲ事件は事件そのものが重大であったのではなくて、その政治的利用が重大だったことが明らかになります。

一九五一年八月、ゾルゲ事件を取り上げた、
米国下院非米活動調査委員会とは、
どのような活動をしていたのでしょうか

第二次大戦後、ゾルゲ事件が注目されたのは、ウィロビーが一九五一年八月、米国下院非米活動調査委員会で証言をしてからです。ウィロビーは、ゾルゲ事件について語ることが、非米活動調査委員会で歓迎されると判断したからこそ、証言したわけです。

したがって、「ゾルゲ事件」の政治的意味合いを理解するためには、非米活動調査委員会がどういうものか、理解しておく必要があります。

その設置と活動の概略を、見ていきたいと思います。

●第二次大戦前の一九三八年に、連邦下院議会で、国内の破壊活動を調査する目的で特別委員会として発足、一九四五年に常設委員会に昇格。一九六九年に国内安全委員会と改称、一九七五年に廃止された。

●設立当初は、国内のファシスト摘発が目的であった。

●**米ソ冷戦が始まると、その監視・告発対象は共産主義団体やその協力者へと移行**し、ローゼンバーグ事件（ローゼンバーグ夫妻が原爆製造などの機密情報をソ連に売った容疑）を担当した。

●一九四七年には非米活動委員会で、ハリウッドにおけるアメリカ共産党の活動が調べられた。

チャーリー・チャップリン、ジョン・ヒューストン、『ローマの休日』『大いなる西部』『ベン・ハー』監督のウィリアム・ワイラーなども調査の対象となり、委員会への召喚や証言を拒否した一〇人の映画産業関係者（いわゆるハリウッド・テン）は議会侮辱罪で訴追され、一九五〇年に最高裁で有罪が確定し、刑務所に送られた。

グレゴリー・ペック、ジュディ・ガーランド、ヘンリー・フォンダ、ハンフリー・ボガート、ダニー・ケイ、カーク・ダグラス、バート・ランカスター、ベニー・グッドマン、キャサリン・ヘプバーン、フランク・シナトラなどが反対運動を行なう一方で、エリア・カザンや、ウォルト・ディズニー、ゲイリー・クーパー、ロバート・テイラー、そして後の一九八一年に共和党からアメリカ大統領に就任することになるロナルド・レーガンなどは告発者として協力した。

●マッカーシー上院議員がアメリカ国務省内のスパイの存在を指摘し、マッカーシズムが台頭すると「赤狩り」の主要な舞台となった。これにより連邦政府職員だけでなく、作家、芸術家、俳優など多くの民間人もスパイ容疑をかけられ、共産主義者のレッテルを貼られることになった。

●一九五四年のマッカーシーの失脚と共にその権威は失墜し、一九五九年には、その当時の大統領で「赤狩り」を黙認していたトルーマンに、「今日、この国で最も非米的な物」と指摘された。

下院非米活動調査委員会と密接な関係にある「赤狩り」と「マッカーシズム」についても、概略を見ておきたいと思います。

●**「赤狩り（Red Scare）」とは、国内の共産主義者およびその同調者（sympathizer）を告発し、公職を代表とする活動の場から追放すること。**第二次世界大戦後の冷戦を背景に、主にアメリカとその友好国である西側諸国で行なわれた。

●ローゼンバーグ事件に代表される共産主義者による深刻な諜報活動に加え、一九四六年からの東欧における、また一九四九年の中国大陸における共産主義政権の成立、一九四

◎**ジョセフ・R・マッカーシー**（一九〇八〜五七）
米国ウィスコンシン州選出の上院議員。冷戦下の一九五〇年代、アメリカでの共産主義思想の浸透を恐れ、その摘発と称して政府活動特別調査委員会を組織し、「マッカーシズム」を展開。告発の強硬な手段は次第に不信感を増殖させ、五四年に調査小委員会委員長を解任される。

八年から四九年にかけてのベルリン封鎖、および一九五〇年に始まった朝鮮戦争におけるソ連や中共など、共産主義勢力の圧迫による緊張の高まりが、背景にあった。

●マッカーシーは、一九五〇年二月「国務省に所属し今もなお勤務し政策を形成している二〇五人の共産党員のリストを、ここに持っている」と発言し、その後、多数の政治家、役人、学者、言論人、芸術家、映画人などが、共産主義者として告発された。その追及はニューディール時代からの民主党系の自由主義的な国務省のスタッフや、はてはマーシャル前国務長官にまで及び、その実態は、**「赤狩り」というよりも、**エレノア・ルーズベルトが指摘するように、**「リベラル狩り」に近いものであった。**

●「共産主義者リスト」の提出に代表される様々な偽証や事実の歪曲、自白や協力者の告発、密告の強要など、あまりに強引かつ執拗な手段は、強い不信感と反発を招いた。結果、一九五四年十二月二日、上院は賛成六七、反対二二でマッカーシーが「上院に不名誉と不評判をもたらすよう行動した」として譴責決議を可決した。彼が一九五二年から務めていた上院政府活動委員会常設調査小委員会委員長の地位も、解任された。

ゾルゲ事件が注目されたのは、こうした米国の空気を反映したものです。

マッカーシー上院議員たちは、共産主義の脅威を主張しています。そして「米国も警戒

心を持っていないと共産主義に侵される」と警告しています。

そうした中で、「軍国主義下のあの日本が、ゾルゲというソ連のスパイ網に侵されていた。それだけ共産主義は怖い」という指摘は、格好の宣伝材料となります。

この中で、ウィロビーが「ゾルゲの『日本軍はソ連攻撃の意志なし』との情報に基き、ソ連はシベリア師団を西部戦線に送ることが出来、モスクワの防備を完うすることが出来たのである」とゾルゲ事件の成果を最大限に誇張する意味も、自ずと明らかです。

「ゾルゲ事件」は「非米活動調査委員会」の産物ともいえ、「上海国際諜報団」を出来るだけおどろおどろしく描くことが歓迎されたのです。

冷戦はどのように生まれたのでしょうか

「ゾルゲ事件」の脅威を誇張するのは「非米活動調査委員会」の産物ですが、その「非米活動調査委員会」もまた、冷戦の産物です。

冷戦が確立していく過程で、「**樽の中のリンゴは、腐ったリンゴに侵される**」という論理が展開されます。

第二次大戦が終わると、ほぼ同時に米ソ間の冷戦が始まりますが、「冷戦の起源」については、様々な解説がなされています。

一九四五年二月のヤルタ会談では、ルーズベルト米国大統領、スターリン・ソ連共産党書記長、チャーチル英国首相が協議しますが、どの国がポーランドを統治すべきかなどをめぐり、チャーチルとスターリンの間で対立します。

ついで、ドイツ降伏後の一九四五年七月、第二次世界大戦の戦後処理を決定するため、ドイツのポツダムで米英ソ首脳間の協議が行なわれますが、ポーランド問題、賠償問題、旧枢軸（すうじく）国に成立した各政府の扱いをめぐって、激しい対立が生じます。

こうした中で、一九四六年、在ソ連代理大使であったジョージ・ケナンが本国に送付した電報を基に、「ソ連封じ込め政策」が決定されます。

英国では一九四五年七月の総選挙でチャーチルが労働党に敗れ、一九四七年二月にギリシア、トルコへの援助をやめると、米国がこの援助を肩代わりすることになりました。

一九四七年二月二十七日、トルーマン大統領は議会代表との会合を持ちますが、その席上で議会の代表たちは「なぜ、アメリカがギリシア、トルコを支援しなければならないのか」という疑問を表明します。

そこでアチソン国務次官は、発言を求め、次のように訴えます。

「南欧の危機は一地域の喧嘩じゃない。冷戦の二つの大国を巻き込む問題である。ソ連は、イランに対すると同じように、トルコとギリシアに圧力をかけている。自由世界の大きな部分が危機にある。

もし、ギリシアが共産化すれば、樽の中のリンゴが腐ったリンゴに侵されていくように、ギリシアの腐敗はイランを侵し、すべての東に及ぶ。さらに小アジアとエジプトを通じて、アフリカに感染を持ちこむ。さらにフランス、イタリアは自分自身の共産主義者の危険に直面しているが、その両国を通じて欧州に広がる。イランがその病毒に感染し、やがて欧州全体に及ぶであろう。

共産主義者の猛攻撃がもし止められなかったら、三大陸における自由を押し殺し、経済回復のすべての希望を破壊する。この道を妨げる側に立っているのは米国だけだ」（出典：Encyclopedia of the New American Nation Cold Warriors–Dean Acheson）

議会の指導者たちはこの発言に感銘をうけ、米国は世界中の共産主義と戦うというトルーマン・ドクトリンを三月十二日に発表することになります。「腐ったリンゴ」の摘発が求められた時代です。

その意味で、マッカーサーがウィロビーの本の序文で、「将軍の著書は、リヒアルト・ゾルゲ事件を取扱つたもので、本書は、今日尚行われている世界的規模の共産主義のサボ及び裏切り行為を鮮明に描いている点で重要な意義を持つものであると信ずる」と記述したのは、まさに的確です。

「ゾルゲ事件」は冷戦の中で、「樽の中のリンゴが腐ったリンゴに侵されていくように」の「腐ったリンゴ」の典型として機能したのです。

冷戦が始まることによって、岸信介等が政界に復帰します

冷戦は、ソ連のスターリンが一方的に冒険主義的ないし挑発的行動をとったから発生したものではありません。

米国を主とする西側に、冷戦を歓迎する勢力があったことが、一番大きい要因かもしれません。

冷戦の復活は、日本政治にも影響を与えます。一九四一年十月十八日、近衛内閣の崩壊によって成立した東條内閣の閣僚たちは再度、日本政治・経済の中枢に戻ってきます。第一次東條内閣の賀屋興宣大蔵大臣、岸信介商工大臣がその代表的人物です。

岸は一九四五年九月十一日、A級戦犯容疑で逮捕され、巣鴨拘置所に入ります。その拘置所の中での気持ちを、後にこう語っているのです。

「冷戦の推移は巣鴨でのわれわれの唯一の頼みだった。これが悪くなってくれれば、首を絞められずに済むだろうと思った」（『岸信介証言録』原彬久編、二〇〇三年、毎日新聞社刊）

岸は「獄中日記」のなかで、一九四六年八月十日に次のように書いていますす（同前所収）。口語訳で紹介します。

パリ講和会議におけるソ連外相モロトフと米国国務長官バーンズの対立は、冒頭の演説からたがいの悪口の言いあいとなり、ソ連の機関紙『プラウダ』は「バーンズの挑戦」という見出しのもとに全ページを使ってその全訳を掲載し、国民の注意を喚起した。（中略）ソ連は平和会議をわざと長びかせ、そのあいだにバルカン半島や地中海方面に勢力を伸ばしてしまおうという計画で、一日も早く平和的国際関係を樹立しようと望む米国や英国とは明白な対立を示している。

岸は冷戦の始まりを、早くも一九四六年八月の時点で明確に認識していたのです。冷戦の発生は、第二次大戦中の「戦犯」とみなされる人々が、日本の政治面で完全に復活することを意味しました。それは岸信介に限りません。既に見てきたように（50ページ）、陸軍で開戦時、参謀本部作戦課長だった服部卓四郎は、自衛隊の前身、警察予備隊の幕僚長の有力候補にまでなりました。

検察関係を見ましても、治安維持法の改正（一九四一年三月、80ページ参照）や国防保安法（一九四一年三月七日制定、85ページ参照）の制定など、思想弾圧の中核を担う司法省刑事局長を務めた佐藤藤佐（さとうとうすけ）や、「思想検事」の井本臺吉、さらにはゾルゲ事件、下山事件、東大安田講堂事件、ロッキード事件に関与した布施健（ふせたけし）までもが、戦後、検事総長になっています。

私が本書の執筆中、「ゾルゲ事件を担当していた井本臺吉が、戦後に検事総長になっている」と述べていたところ、「井本臺吉は砂川事件、伊達判決関連の検事でもあったんだよ」との指摘を、砂川闘争に関わった人から受けました。

砂川事件とは、一九五七年七月八日、東京・砂川町の在日米軍立川基地で、特別調達庁東京調達局が強制測量をした際に、基地拡張に反対するデモ隊の一部が、アメリカ軍基地の立ち入り禁止の境界柵を壊し、基地内に数メートル立ち入ったとして、デモ隊のうち七名が「日本国とアメリカ合衆国との間の相互協力及び安全保障条約」第六条に基づく施設及び区域並びに日本国における合衆国軍隊の地位に関する協定の実施に伴う刑事特別法違反で、起訴された事件です。

これに対して、東京地方裁判所（裁判長判事・伊達秋雄）は、一九五九年三月三十日、「日本政府がアメリカ軍の駐留を許容したのは、指揮権の有無、出動義務の有無にかかわらず、日本国憲法第九条二項前段によって禁止される戦力の保持にあたり、違憲である。したがって、刑事特別法の罰則は日本国憲法第三十一条（デュー・プロセス・オブ・ロー規定）に違反する不合理なものである」と判定し、全員無罪の判決を下しました。

これを受け、最高裁判所（大法廷、裁判長・田中耕太郎長官）は、同年十二月十六日、「憲法第九条は日本が主権国として持つ固有の自衛権を否定しておらず、同条が禁止する戦力とは日本国が指揮・管理できる戦力のことであるから、外国の軍隊は戦力にあたらない。したがって、アメリカ軍の駐留は憲法及び前文の趣旨に反しない。他方で、日米安全保障条約のように高度な政治性をもつ条約については、一見してきわめて明白に違憲無効と認められない限り、その内容について違憲かどうかの法的判断を下すことはできない」（統治行為論採用）として原判決を破棄し、地裁に差し戻しました。最終的に最高裁は一九六三年十二月七日、有罪判決を確定させました。

近年、集団的自衛権の論議が行なわれた時、この統治行為論が再び浮上しました。砂川事件に関する判決は、今日も重要な位置を占めています。

裁判ですから、当然検察の弁論が行なわれます。

検察側は、一九五九年九月十八日「最終弁論要旨」を最高裁判所大法廷に提出していきます（文書番号は昭和三十四年（あ）第７１０号）。

このときの検事の名を見て驚きました。次の四名の名が記載されています。

最高検察庁　検事　清原邦一（きよはらくにかず）
　　　　　　検事　村上朝一（むらかみともかず）
　　　　　　検事　井本臺吉
　　　　　　検事　吉河光貞

井本臺吉、吉河光貞という、ゾルゲ事件捜査の中核の検事が、戦後、日米安保体制の法律的構築の中心人物になっているのです。

冷戦以降、

戦争前後言論弾圧を行なった「思想検事」の勢力は

「公安検事」として再び勢力を持ちます

この分野は極めて重要なので、荻野富士夫著『思想検事』（二〇〇〇年、岩波新書）から主要点を抜粋します。

> 朝鮮戦争勃発（五〇年六月）をまえに、ＧＨＱが直接、共産党の弾圧にのりだしたのをうけて、日本の公安警察・公安検察・特審局もそれぞれの機能を拡充しつつ、共産党に対する取締をつよめた。（中略）
> 五二年初頭、各検察庁に「公安係検事」が設置された。（中略）
> ここにいたって、思想検察から公安検察への機能の移行は完了した。しかも、公安検察は全検察中の「時の花形」という位置を占めつつあるとの言は、かつての思想検察と瓜ふたつである。（中略）

思想検察から公安検察への継承の最後の仕上げは、検察の中枢に旧思想検事派が位置することであり、なかんずく、「公職追放」組の復帰であった。（中略）

占領終結を前に、反共陣営を強化するために、旧特高警察・思想検察関係者の追放解除が急ピッチですすんだ。五一年九月には、金沢次郎、清原邦一（孫崎注：戦前刑事局第五課長、司法省刑政局長等、一九五二年三月復帰し一九五九年五月検事総長、砂川事件の上告審において検事総長としては異例の口頭弁論を行ない、六十年安保改定に伴う国内の治安維持に尽力）、戸沢重雄、井本台吉らが解除され、池田克も五二年四月、解除された。（中略）

池田は五四年一一月、最高裁判事に任命される。戦後の裁判所は最高裁長官の田中耕太郎の強烈なリーダーシップのもと、治安維持の一翼を積極的になおうとしており、そこに思想検察の第一人者ともいうべき池田が起用されたのである。

思想検事グループが戦後生き残ったのには、米国との取引があった事実も理解しておく必要があります。ここから検察の対米従属が始まります

日本の政治では、検察の特捜部が、芦田均、田中角栄、小沢一郎等アメリカから見て好ましくない政治家の追い落としを行なう上で重要な役割を果たしてきましたが、米国と検察の関係には、次の指摘があります。

ジャーナリストの高野孟氏が二〇一〇年九月二十四日付、自身のブログ「高野孟の遊戯自在録」で次のように記載しています。

> 特捜部というのはそもそも、戦後ＧＨＱが「そんなもの要らない」と言うのを、検察が必死で工作して、まず「隠匿退蔵物資事件捜査部」を作って、つまりは旧日本軍の物資が闇に隠れてしまうのを摘発してＧＨＱの管理に移すという仕事をやって媚びを売って、それが後に東京地検特捜部に発展した。

ゾルゲ事件捜査の第一線にいた井本臺吉や布施健（孫崎注：ゾルゲ事件ではヴケリッチを担当）**が戦後、検事総長になったのです。この内、布施健はゾルゲ事件、下山事件、東大安田講堂事件、ロッキード事件に関与しています。**

こうなりますと、戦前、内務省警保局が作成した「ゾルゲを中心とせる国際諜報団事件」の見直しをすることは、「官」主導では起こりえません。大手マスコミも、刑事事件では、検察や警察の提供する情報をそのまま記事にする体質が身についていますから、ここでもゾルゲ事件の見直しが、起こるはずがありません。ゾルゲ等が捕まった時の警察・検察・裁判所の見方、ウィロビーの見方が、日本社会に何の躊躇もなく受け入れられます。テーマが外れて恐縮ですが、こうした日本社会の状況を見事に描いた小説に、丸谷才一著『笹まくら』（一九六六年、河出書房新社刊）があります。

主人公は徴兵忌避者で、かつての戦争のさなか、五年間にわたり、名を変えて各地を放浪し、徴兵を忌避していたということで、戦争直後もてはやされます。間違った戦争に「徴兵忌避」で逃げ回ったというのは一つの理想形とみなされました。しかし、世間の流れが変わります。戦後、大学の職員として勤めた主人公は、「徴兵忌避者」であったことから、大学で職員として生きていくのが難しくなっていくという作品です。

たぶん、ゾルゲ事件の評価も同じ道をたどったと思います。

この冷戦という問題を考える時、ぜひ知ってほしい発言があります。アイゼンハワー大統領の言葉です。

アイゼンハワーは、第二次大戦中は連合国軍遠征軍最高司令官。戦後の冷戦期はNATO軍最高司令官を務めた、米国にとっての英雄です。一九五三年一月から、六一年一月までの大統領でありながら、軍事情勢に最も精通した人物です。

マッカーシズム、非米活動委員会が猛威を振るっていた直後の大統領です。

そのアイゼンハワー大統領は、一九六一年一月十七日、米国国民に向けて離任演説を行ないました。

この演説には、NATO軍最高司令官という経歴と一見矛盾するような、だからこそ貴重な内容を含んでいます。その演説より抜粋します。

　私たちの今日の軍組織は、平時の私の前任者たちが知っているものとはほとんど共通点がないどころか、第二次世界大戦や朝鮮戦争を戦った人たちが知っているものとも違っています。

　最後の世界戦争までアメリカには軍事産業が全くありませんでした。アメリカの鋤の製造者は、時間をかければ、また求められれば剣も作ることができました。しかし今、もはや私たちは、国家防衛の緊急事態において即席の対応という危険を冒すことはできません。私たちは巨大な規模の恒常的な軍事産業を創設せざるを得ませんでした。

これに加えて、三五〇万人の男女が防衛部門に直接雇用されています。私たちは、アメリカのすべての会社の純収入よりも多いお金を、毎年軍事に費やします。

私たちは、この事業を進めることが緊急に必要であることを認識しています。しかし、私たちは、このことが持つ深刻な将来的影響について理解し損なってはなりません。私たちの労苦、資源、そして日々の糧、これらすべてが関わるのです。私たちの社会の構造そのものも然りです。

我々は、政府の委員会等において、それが意図されたものであろうとなかろうと、**軍産複合体による不当な影響力の獲得を排除しなければなりません。誤って与えられた権力の出現がもたらすかも知れない悲劇の可能性は存在し、また存在し続けるでしょう。**

この軍産複合体の影響力が、我々の自由や民主主義的プロセスを決して危険にさらすことのないようにせねばなりません。

何ごとも確かなものは一つもありません。

警戒心を持ち見識ある市民のみが、巨大な軍産マシーンを平和的な手段と目的に適合するように強いることができるのです。その結果として安全と自由とが共に維持され発展して行くでしょう。（元佐賀大学理工学部教授・豊島耕一氏訳）

ゾルゲ事件というものが、アイゼンハワー大統領が警告した軍産複合体に利用される側面を持っていたことに留意すべきです。

冷戦の中でソ連もまた、ゾルゲ事件の利用を行ないます。

「帝国主義」と戦うゾルゲを、

実態以上に「業績」を上げた人物として礼賛します

冷戦時代、米国は共産主義の危険性を説くために、「腐ったリンゴ」の代表としてゾルゲ事件を取り上げ、その成果を実態以上に大きく見せました。

実は、冷戦中、全く逆の立場だったソ連も、ゾルゲを実態以上に賛美しはじめたのです。

ゾルゲ事件の中心人物にヴケリッチがいます。妻、淑子との間に一九四一年三月に生まれたのが山崎洋（やまさきひろし）氏です。彼が、山崎淑子の編著『ブランコ・ヴケリッチ　獄中からの手紙』（二〇〇五年、未知谷刊）の附記として、ゾルゲに対するソ連の対応について記しています（傍点山崎洋）。

リヒアルト・ゾルゲの名が初めてソ連各紙に登場したのは、一九六四年九月四日のことである。（中略）

一九六四年一〇月六日、ソヴィエト最高幹部会議はゾルゲ叙勲を決定、ゾルゲは国民英雄となる。続いて翌年一月一九日には、マックス・クラウゼン、アンナ・クラウゼン及びブランコ・ヴケリッチの叙勲が発表された。

（中略）

ブランコ・ヴケリッチに対する勲章授与式は、一九六五年一月二九日午後三時二十分、クレムリンで行なわれた。（中略）

事件当初から、「本件はヒットラーの陰謀であり、モスクワの関知せざるものである」として、全くノー・コメントであったソ連が、何故現在に至ってこの問題をとりあげたのであろうか。モスクワで私が受けた説明によれば、スターリン批判以後開始された名誉回復運動の過程で、ゾルゲの名前が浮んできたのだという。（中略）

それにしても、あらゆる報道機関が動員され、幾冊もの伝記や回想録が出版され、記念切手が発行され、小学校の教科書にまで採用されているとなれば、単なる名誉回復以上のものが感じられても不思議ではなかろう。新しく発掘された国民英雄「ゾルゲ博士とその協力者達」は今や宇宙飛行士と並んで、ソヴィエト・ナショナリズムの中核に祭り上げられようとしているのだ。

ソヴィエト・ナショナリズムの英雄ですから、英雄的業績が必要です。冷戦時代のソ連でも、実態と異なる「ゾルゲ事件」の功績が喧伝されました。ここでもソ連は、ゾルゲとソ連軍参謀本部とのやり取りなどにみられる英雄にふさわしくない重要な情報は、ほとんど出してこなかったのです。

占領期後半、米国軍部、日本の検察・警察、そしてその敵対勢力であるソ連、それら各々が、ゾルゲ事件を誇大に宣伝することに、利益を見出してきたのです。

［第三章］

つながる糸

——一九四一年十月十五日の動き、近衛内閣の崩壊、尾崎秀実の逮捕、ニューマンの離日、ウォルシュ司教の離日

一九四一年十月十五日の動き

一九四一年十月十五日、この日に実に様々な事が起きています。

近衛内閣が崩壊しました。

同じ日、尾崎秀実（おざきほつみ）が逮捕されたということになっています。

米「ヘラルド・トリビューン」紙の記者ジョセフ・ニューマンが突然、横浜から竜田丸（たつたまる）に乗って日本を脱出しています。

米国のウォルシュ司教が、十五日午前六時に飛行機で東京を離れました。これなどは、通常考えられない動きです。

一見、バラバラな動きも、「ゾルゲ事件」という糸を通してみますと、皆つながっていきます。逆に言えば、これらをつなぎ合わせることによって、ゾルゲ事件の実態がより鮮明になります。

〈I〉米国記者ニューマンの日本脱出
米「ヘラルド・トリビューン」紙のジョセフ・ニューマン記者が「ハワイでの休暇」を口実に、横浜を出港します

一九四三年二月八日、全長一七八メートルの竜田丸は、御蔵島（みくらじま）周辺で、兵員輸送任務でトラック島に向け航行中、米軍の潜水艦によって沈められました。

もともとは日本郵船の貨客船として定期航路に使われていた船で、日米開戦直前の一九四一年十月十五日には、横浜港を出てホノルルに向かっています。

乗客の中に、「ヘラルド・トリビューン」紙記者、三十二歳のジョセフ・ニューマンがいました。ニューマンは「ハワイでの休暇」という名目で乗船しています。

©朝日新聞社／amanaimages

◎ジョセフ・ニューマン（一九一二〜九五）ジャーナリスト。米マサチューセッツ州出身。一九三七年来日。英字紙「ジャパン・アドバタイザー」記者を経て、四〇年から四一年十月十五日の離日まで「ニューヨーク・ヘラルド・トリビューン」東京特派員として、ヒトラーのソ連侵略計画や日本の御前会議の内容などのスクープを打電。モスクワ、ベルリン等で特派員を務め、六六年の同紙廃刊まで国際報道の最前線で活躍。その後ＡＢＣ放送でＴＶドキュメンタリーを制作。

彼は、その翌年の一九四二年、著書『グッバイ・ジャパン』(邦訳は一九九三年、朝日新聞社刊)を発刊しています。彼は同書を、次の文章で始めています。


日本人の間にはこんな言い伝えがある。

美しい島国を後にする時、有名な富士山をひと目見ることができなかった者は、二度と日本に帰って来ないだろう。

私が戦争勃発直前に横浜から日本を離れた時、空には厚い雲がたれこめ、日本人が清らかさ、静けさ、平和の神聖な象徴と考えるその美しい山の姿は見えなかった。日本が民主主義国家への攻撃を開始する前にできるだけ多くの日本人を引き揚げさせるため、日本政府が米国に送った三隻の引き揚げ船の一つで、私は日本を離れた。


彼は「ハワイでの休暇」という名目で日本を離れましたが、『グッバイ・ジャパン』によると、日本に帰らない決心をしていることは確実でした。

彼はさらに、次のように続けています。

あの日富士山が姿を見せなかったことは、極めて重大な意味をもつ兆しだった。というのは富士山が隠れていたまさに**あの日の午後、近衛文麿首相は無念の思いで、**あるいは悲しみのなかを、あるいは両方の思いを抱きながら、米国、英国、オランダとの和解をめざした最後の内閣を総辞職し、**この島国の運命を決めるであろう戦争に日本を導くことになる政権に道を譲る準備を整えていたからだった。**

ニューマンは謎が多い人物です。

戦後、このニューマンの正体を執拗に追い続けた人がいました。朝日新聞記者の伊藤三郎氏です。米国まで取材に来た伊藤に対し、ニューマンは次のような回顧談を披露しています（前掲書巻末の「著者インタビュー」）。

「開戦半年後に日本から海路ニューヨークに戻って来たAp通信のマックス・ヒル、ジョー・ダイナンを港に迎えて聞いたのだが、**私が横浜を出港した十月十五日午後、警官たちが私を逮捕しようとオフィスにやって来た。そのタイミングから見て、彼らは明らかに私がブーケリッチ、ゾルゲらのスパ**

イ団と深く係わっていた、と疑っていたのだろう。きっとそうに違いない」

「ヒルたちが言うには、私を取り逃がした警察官たちは、『竜田丸』に帰還命令を発するかどうかをその場で話し合っていた。その時、『竜田丸』出港後、二、三時間しか経っていなかったのだから」

「それ（孫崎注：日本の官憲がニューマンをゾルゲ一味と疑っていたこと）は明らかだ。だってその有力メンバーのブーケリッチは私の無二の親友だったのだから」

ヴケリッチ、ゾルゲ等は、彼が出港した三日後の十八日に逮捕されます。ニューマンはなぜ、逮捕を免れ、出航できたのでしょうか。

ハワイに「休暇」に来たニューマンは、その後、どうしたでしょうか。

彼はニューヨークの「ヘラルド・トリビューン」編集局長からの電報で、危険のため日本に戻らず、ホノルルに滞在するようにとの指示を受けます。そして、彼は次のように記述します。

ホノルルに滞在して日本の出方を見守る一方、「ヘラルド・トリビューン」

に連載するため米陸海軍の基地を取材した。（中略）**（真珠湾が爆撃される直前の）十二月五日午後十二時三十分、私と妻はラーライン号に乗ってホノルルからニューヨークへ向かった。**

真珠湾攻撃は日本時間一九四一年十二月八日未明、ハワイ時間十二月七日です。ここでもニューマンは危機一髪で出航しています。

伊藤三郎氏は執拗に、ニューマンが「ハワイへの休暇」に出掛けたのは、「誰かから危険を知らされたのでないか」と、そのソースを追及します。出航の日の午後には、警官たちがニューマン逮捕に向かっているのです。

ゾルゲ事件で逮捕された者は、そのほとんどが有罪になっています。ニューマンが逮捕されれば、当然、「ゾルゲ・スパイ団」の一味とみなされたでしょう。彼は渋沢栄一の三男、渋沢正雄（富士興業社長、日本製鐵副社長等歴任）とも深い関係にありますから、渋沢も厳しい調べを受けることになったでしょう。

渋沢正雄が逮捕されれば、「ゾルゲ事件」には全く違った側面が出てきます。

「ゾルゲ事件」は「ソ連軍参謀本部の指示で動き、共産主義に共鳴した尾崎秀実がこれに協力をした」という事件です。そこでは、ゾルゲがソ連から指示されていたという事実、そして尾崎秀実が共産主義に共鳴していた事実が示されたことで有罪になったのです。

しかし、この「国際諜報団」に米国「ヘラルド・トリビューン」紙のジョセフ・ニューマン記者が加わり、さらに親米派の渋沢家とつながっているとなると、この「国際諜報団」をどう位置付けしていいのか、訳が分からなくなります。ニューマンは共産主義者でありません。むしろ米国政府、大使館と密接な協力の下で仕事をしていた記者です。

伊藤三郎氏は、「ニューマンに危機を伝えたのは渋沢正雄であろう」と推察し、追及する中で、渋沢正雄の二女、鮫島純子（さめじますみこ）氏より、決定的な証言を引き出しています。

伊藤氏の、「ニューマンは、自身の身の危険に関する何らかの極秘情報を、父君・渋沢正雄から知らされていたのでは」との問いに対して、鮫島氏はこう答えます。

「もうそろそろいいかしらねー。〔鮫島さんは躊躇しつつもきっぱりと〕可能性はあったと思います。実は私どもの親戚筋に陸軍の幹部がおりまして、そこからかなり重要な機密が父に、そして父はニューマンに耳打ち……という可能性が」（伊藤三郎著『開戦前夜の「グッバイ・ジャパン」』二〇一〇年、現代企画室刊）

伊藤三郎氏は、この「陸軍の幹部」が誰かも追及していますが、重要なことは、ニューマンの危機、つまりゾルゲ関係者逮捕の情報が「陸軍の幹部」から出てきているという点です。

ゾルゲ・グループは情報を米側に提供します。

一部はグルー大使などに、一部はニューマンに。

そしてニューマンのスクープ記事になります

一九四一年五月三十一日付「ヘラルド・トリビューン」は、次のように報じました。

東京　ヒットラーがロシアに対抗し動くと想定（見出し）

東京の信頼すべき複数の筋はここ去数週間、ロシアとドイツの間の緊張は限界点（breaking point）に近くなり、ヒットラー総督がソ連に対し動くか躊躇するかの状況にある。

これらの複数の筋はドイツによるロシアへの攻撃はウクライナにおいて小

麦が種まかれた後に開始され収穫される前に終結しなければならないとみなしている。かつ、この筋は、**攻撃が六月後半までに実施**できなければ、本年は延期されるであろうとつけ加えた。(前掲『開戦前夜の「グッバイ・ジャパン」』掲載の「ヘラルド・トリビューン」紙関連英文部分を孫崎が訳す)

ドイツ側の関係筋では、〔もし年内に戦端が開かれれば〕ソ連は二カ月以内に降伏するだろう、と見ている。(中略)同じ関係筋によると、ドイツがソ連侵攻に踏み切る理由は――①予想される米国の参戦によって欧州西部戦線が新局面を迎える前に、欧州大陸で唯一の巨大な陸軍兵力を持つソ連の脅威をまず叩いておき、(中略)②ウクライナの豊富な食料を手中に収める、③そのウクライナの労働力を西部戦線の補強に活用する――の三点である。(ジョセフ・ニューマン著『グッバイ・ジャパン』)

ドイツ軍が一九四一年六月二十二日ソ連に侵攻しました。ニューマンは約三週間前に、本国で特ダネを報じていることになります。

ニューマンはこの情報を「ゾルゲ国際諜報団」の一人、ヴケリッチから入手していま
す。「ゾルゲ国際諜報団」はソ連の指揮下にある「諜報団」です。「ゾルゲ国際諜報団」の一員、ヴケリッチが、事もあろうに、なぜ、米国の記者に、「世紀の特ダネ」を与えたのでしょうか。

ニューマンは、伊藤三郎氏に、自身のエッセイ（『特ダネはこうして取った』という本に掲載）のコピーを手渡しています。

「このスクープのネタ元は（中略）ヴケリッチという男だった。

私はブキー（孫崎注：ヴケリッチの愛称）に尋ねたものだ――

『いったい君は、ナチスのソ連侵攻がこの一、二カ月以内に、という確信があるのなら、なぜ君自身が原稿にして送らないのか』と。

彼の答えはこうだった。

『わがアバス通信（孫崎注：フランス通信社。現在のＡＦＰ）はヴィシー政権下のフランス政府と同じくナチスの管理下に置かれ、もはや自由な報道機関ではない』。

そしてブキーは、彼の母国〔ユーゴスラビア〕がナチスに蹂躙（じゅうりん）されたことからヒトラーを恨み骨髄と思い、他の国々が一刻も早くナチスの（領土拡大への）野望を察知し、それを防ぐために準備すべし、と切望していた。そして、それを可能にする唯一の道は東京に拠点を持つ米国の四つの報道機関（中略）を通じてこの情報を世界に知らせることだとブキーは考えた」（『開戦前夜の「グッバイ・ジャパン」』）

ドイツ軍がソ連に侵攻するという情報を入手したのは、ゾルゲが在京ドイツ大使館を訪れたドイツ軍将校の報告を聞いたからです。

ゾルゲはこれをヴケリッチに述べ、ヴケリッチはこれをニューマンに伝えました。

ニューマンはこの情報を、当時在モスクワ米国大使館から在京大使館に赴任してきたチャールズ・ボーレンにも伝えています。

つまりゾルゲ情報は、どの国よりも米国と共有されているのです。


情報の流れを整理してみます。

独軍ショル中佐等→ゾルゲ→ヴケリッチ
　↘ニューマン→ヘラルド・トリビューン紙で報道
　　ボーレン→グルー大使→（米本国）
　　↑

ニューマンは、伊藤三郎氏の「ゾルゲとブーケリッチは当然、ヒトラーのソ連侵略情報を貴方に知らせる前に、モスクワに知らせていたか」との問いには、次のように答えています。

「もちろん。私に教える数週間前に電報を打っただろう。しかし、スターリンがなかなかこれを信じないからゾルゲ達はイライラを募らせ、私に送稿を催促したのだろう。私がその原稿を送るのを躊躇して数週間あたためていた。それを知ったブーケリッチは『早く送れ』と毎日のように私を促した」
（『グッバイ・ジャパン』）

ここでもう一度、ゾルゲの立場で考えてみます。

ゾルゲは既に同じような電報を、ソ連に打っています。東京発で「ナチス軍、ロシアに侵攻」と記事が出れば、必ず情報源の追跡が始まります。この時期、ゾルゲはソ連赤軍への忠誠心に疑問が持たれています。

なぜ、ゾルゲが重要な情報を米国記者、そして間接的に米国政府に伝えたのでしょうか。様々な解釈が可能だと思います。

ここで**ゾルゲは、ソ連のスパイを全うすることより、ナチス・ドイツを破ることを重視しています。もはや「赤軍のスパイ」を超えて行動しています。**

このことは、ゾルゲ・グループをソ連共産党の手先というだけで罰することが出来ない状況が出ているのです。彼等の目的はもはや、世界各地に共産国を樹立することではありません。

山崎洋氏は、父、ヴケリッチの著書から、次の言葉を引用しています。

「ところで、私とて自分を日本の敵とは思いません。私の国と貴女のお国、まだ好意中立を保っていますし、私どもの仕事はやっぱりこの平和を守ることでした。

この平和は今のところ日本にきわめて有利であったことを思えば、私どもの手段は悪くても、目的は日本にとってもそう害のあるもんではなかったとは考えられまいか」(『ブランコ・ヴケリッチ　獄中からの手紙』)

もしスターリンがこうした情報に耳を傾けていれば、ドイツのソ連攻撃の最初の数日で、ソ連軍が壊滅的打撃を受けることはなかったでしょう。九月の段階で、ドイツ軍がモスクワを陥落する寸前までいくという状況がなければ、陸軍も日米開戦にもっと慎重だったと思います。その意味では、ヴケリッチの説明が間違っているとは思いません。

〈2〉ゾルゲの「ドイツ軍、ソ連へ侵攻」の報告

ゾルゲは「ドイツ軍、ソ連へ侵攻」をロシアにどのように報告していたでしょうか

ゾルゲがどのようにソ連に報告していたかを見てみます。

❶一九四一年五月二日付暗号電報(『ゾルゲ事件関係外国語文献翻訳集27』)

「私は駐日ドイツ大使オットと大使館付海軍武官と、ソ連とドイツの相互関

係について、話し合った。オットは私に次のように言った。全欧州をドイツの管理下に置くため、ソ連を撃滅する決定を実行に移した。全欧州をドイツの管理下に置くため、ソ連の欧州地域を穀物と原料基地として支配下に収めるというものだ。（中略）

最初の日はソ連の播種が終る時期である。（中略）対ソ開戦の決定は、5月もしくは英国との戦争後、ヒトラーのみが決定する手筈である」

❷赤軍参謀本部長宛て電報

暗号解読電報No.8908、8907　極秘　コピー禁止

発信　東京より　1941年6月1日　11：40

受信第9部　1941年6月1日　17：45

東京　1941年5月30日

「ベルリンは、オット大使に、ドイツの対ソビエト攻撃は6月後半に開始されると伝えてきた。オットは95パーセントの確率で戦争は開始されると確信

している。（後略）」

（『ゾルゲ事件関係外国語文献翻訳集16』所収、モスクワ国立大学政治史講座准教授ワレンチン・サハロフ著「もしスターリンがゾルゲを信じたなら」）

❸赤軍参謀本部長宛て電報

暗号解読電報No.8914、8915　極秘　コピー禁止
発信　東京より　1941年6月1日　11：45
受信第9部　1941年6月1日　17：45

東京　1941年6月1日
「独ソ戦の開始がおよそ6月15日という予想は、5月6日ベルリンからバンコックに出発したショル中佐がベルリンから携えてきた情報にもっぱら基づいている。（後略）」（出典は同前）

❹ゾルゲは一九四二年三月十一日に実施された訊問でも、吉河光貞検事に、この経緯を

詳しく供述しています（『現代史資料1　ゾルゲ事件1』）。

●（一九四一年）五月頃（中略）ニーダーマイヤ特使が来朝して参り（中略）会談して見ると、独ソ開戦は既定の事実となって居るが独逸の目的とするところは次の三点である。即ち第一は欧州の穀倉ウクライナを占領すること、第二は独逸の労働力不足を補ふ為少くとも百万乃至二百万の捕虜を得て之を農業及工業方面に使用すること、第三に独逸の東辺に存在する危険を根底から除去すること、若し此の機会を措ては他に機会を求めることが出来ぬと、ヒットラーは考へて居ると云ふことでありました。

●更に同月中に（中略）ショル陸軍中佐が来朝しました。（中略）私にも色々詳細な話をして呉れたのであり、其の要旨は、独ソ戦は来る六月二十日に開始される予定で、二、三日延期されることがあるかも知れぬが、開戦の準備は既に完了して居る。（後略）

●私は同年四月下旬から独ソ開戦迄、絶えずラジオに依って以上の各種情報をばモスコウ中央部に通報し、之等の情報は特に真剣なものだと云ふ警告を附して同中央部の注意を喚起したのでありますが、独ソ開戦後モスコウ中央部から私に対して、貴下の労を感謝すると云ふラジオが送られて参りました。

❺マリヤ・コレスニコワ著『リヒアルト・ゾルゲ』は、次のように記述しています。

「オット（孫崎注：駐日ドイツ大使）はリッベントロップにドイツ軍がソ連に侵入する時期をきいたのであったが、これに対して、『ドイツ軍は一九四一年五月にロシアを攻撃することを計画している』という明確な答えが到着したのであった。

これはこの上なく貴重な物的証拠であった。モスクワ中央はこれについての知らせを直ちに受けた。一九四一年三月五日には、この電報の写真が伝書使によって、モスクワに送られた。五月六日「ラムゼー（孫崎注：ゾルゲのコード・ネーム）」は次のように報告した。

『ドイツ大使オットが、わたしに話したところによると、ヒトラーはソ連を粉砕することを決意している。戦争になる可能性が非常に大きい。ヒトラーと彼の幕僚たちは、ソ連に対する戦争はイギリスに対する侵入を妨げるものでは全然ないと考えている。対ソ戦争の開始についての決定がヒトラーによって採択されるのは、今月中かまたはイギリスへの侵入後であろう』

ゾルゲはさらに続けて書いた。

『対ソ戦争の開始がイギリスへの侵入後という大使の考えに賛成することはできない。事実、コルト公使はオット大使の考えを否定し、ドイツ軍のノルウェー集結も、ユーゴースラビアやギリシアへの進出も、すべて対ソ戦のためであって、イギリスへの侵入は考えられず、ドイツはその力のすべてを対ソ戦に向けていると言っている……。最近わたしはしばしばコルト公使と会っているが、彼はヨーロッパの政治情勢に非常に明るく、稀に見る物知りである』」

❻ゾルゲの「ドイツ軍、ソ連へ侵攻」の報告の評価

「ドイツ軍、ソ連へ侵攻」という情報は、ゾルゲ以外に、在ベルリン・ソ連大使館付武官からも、ゾルゲ以上に詳細な報告がなされています。

ジューコフはソ連の軍人として、ほぼ最高の地位に就いた人物です。

ドイツ軍がレニングラードを攻撃した時、ジューコフはレニングラード軍管区司令官としてレニングラードを守りきりました。モスクワ防衛戦、スターリングラード防衛戦等、各種戦線でドイツ軍を破っています。この時期、参謀総長や、ソ連軍の最高司令官代理の任を担い、戦後、一九五五年には国防大臣に就任しています。

このジューコフは『ジューコフ元帥回想録』（一九七〇年、朝日新聞社刊）で、ドイツのソ連軍攻撃についてどのような情報があったか、それに対してソ連はどのように対応したかを詳細に記述しています。

一九四一年三月二〇日、参謀本部ゴリコフ情報部長は首脳部に対し特別重要な情報を内容とする報告を提出した。この報告文には、ヒトラー・ドイツ軍がソ連を攻撃するさいの可能な方向と場合が述べられていた。

それは、後日明らかにされたとおり、『バルバロッサ』計画（孫崎注：ドイツによるソ連奇襲攻撃作戦の秘匿名称）を徹底的に反映していた。

報告のなかではつぎのように述べられている。

「ソ連に対して企図される最も可能な軍事行動のうち注目されるのはつぎのとおり――

第三の想定——一九四一年二月の資料によるとソ連攻撃のために三つの軍集団が編成される。第一集団は（略）ペトログラード方面に攻撃を加える。第二集団は（略）モスクワ方面を、第三集団は（略）キエフ方面を攻撃する。

ソ連の攻撃開始は五月二〇日ごろとする。

三月一四日付わがベルリン駐在武官報告によれば、ドイツ軍少佐がつぎのように述べた——われわれは完全に計画を変更する。われわれは東方、ソ連に向う。われわれはソ連で穀物、石炭、石油をとる。そうなれば、われわれは不敗となり、イギリス、アメリカと戦争を続けることができる。——最後に同武官は——対ソ軍事行動の開始は五月一五日から六月一五日のあいだと予想する必要がある——と指摘している」

ところが、この情報からの結論は、そのもつすべての意味を抹殺し、ゴリコフ情報部長はつぎのように付記している。

「（1）（略）対ソ行動開始の最も可能な時機は、対英攻撃の勝利ないしドイツにとり名誉ある対英講和締結の後とみなす。

（2）今年春の対ソ戦争不可避といううわさないし文書は、イギリスか、あるいはドイツ軍諜報部から出された偽情報とみなす必要がある」

一九四一年五月六日、海軍人民委員クズネツォフ大将はスターリンにつぎのような文書を提出した。

「ウォロンツォフ・ベルリン駐在武官はヒトラー本営の一ドイツ将校の言葉として、ドイツは五月一四日にフィンランド、沿バルト諸国、ルーマニアを経由してソ連侵入を準備している（略）」（中略）

クズネツォフ大将の付け加えた結論は上記の事実に適合しなかった。彼の文書はこう述べている。

「情報は偽報であり、これに対しソ連がどのように反応するかを試すためにとくに出されたものと思う」（中略）

六月一三日、チモシェンコ（孫崎注：元帥）は私の在席している前でスターリンに電話し、（中略）戦闘準備と（中略）先着輸送部隊の展開指令を発するよう許可を要請した。スターリンはこれに答えた。

「考えよう」（中略）

「君たちは国内に動員令を出し、西部国境へ輸送しようというのか？　これはまさに戦争だ！　君たちはこれが分っているか、二人とも⁉」（中略）

スターリンはそこで「諜報を必ずしも全部は信じられない」と答えた。

これらについて、ゾルゲの報告と併せて考えてみたいと思います。

❶参謀本部ゴリコフ参謀部長の報告は、三月二十日の段階でスターリン等の首脳に伝えられています。他方ゾルゲ情報は、五月一日です。

❷ゴリコフ参謀部長の報告は、ドイツ軍のソ連攻撃においての軍の配備、動機などについて、ゾルゲ情報よりはるかに詳細で具体的です。

❸さらに、ゴリコフ参謀部長の報告に加え、五月六日海軍人民委員クズネツォフ大将は、ベルリン駐在武官の情報としてドイツのソ連侵攻をスターリンに報告しています。

こうしてみると、「ドイツ軍がソ連を侵攻する」というゾルゲの情報は、決して特別に秀でていたものではありません。ソ連はそれ以前に、はるかに確度が高く詳細な情報を手に入れているのです。

日本軍部も「ドイツがソ連を攻撃する」という情報を入手していました。

これはゾルゲルートには流れていません

瀬島龍三という人物は、すでに述べてきたように謎の多い人です。

一九四五年七月一日、関東軍作戦参謀に任命され、日本の降伏後はシベリアに抑留されますが、極東国際軍事裁判ではソ連側の証人として出廷します。一九五八年に伊藤忠商事に入社し、一九七八年には会長に就任。中曽根政権（一九八二〜八七年）時代には、ブレーンとして政財界に影響力を持つようになりました。

不思議なのは、戦後の冷戦時代、日本社会で「ソ連と関係を持つ」という事は、政治的社会的にほとんどアウトでした。その中で、極東軍事裁判でソ連側の証人に立ったような人間が、いかに本人の能力があったにせよ、日本の政界の中枢にくるのは、異常な現象です。

それはともかく、その彼は『大東亜戦争の実相』で、一九四一年当時の模様を、次のように記述しています。

「松岡外相（孫崎注：四月上旬訪独）は、（中略）四月二十二日の連絡会議（孫崎注：大本営と政府間の協議のための会議。大本営の最高意思決定機関は大本営会議で、統帥権の独立により、出席できるのは天皇と陸海軍の統帥幹部に限られていた。そこで政府首脳との意思統一・疎通の場として、連絡会議が設置された）において初めて、ドイツの対ソ戦問題について、リッペンドロップ外相が『ドイツとしてはなんとかしてソ連をやっつけたいと思う。今なら三〜四カ月でやっつけられる』と語った旨を披露いたしました」

「参謀本部対独情報課の西郷従吾中佐は、（中略）五月十二日ベルリンに到着しましたが、その翌日旧知の独陸軍総司令部情報部長から、独ソ開戦の決定的であることを知らされました」

防衛庁防衛研修所戦史室編集『関東軍〈2〉関特演・終戦時の対ソ戦』は「独ソ戦開始の情報があいつぎ、開戦必至の見込みが濃化した際（六月二日）」と記述しています。

当事国でない日本ですら「独ソ戦開始の情報があいつぎ、開戦必至の見込みが濃化した際」と認識している状況ですから、ソ連にはこの種の情報が数多く入っていたと推定されます。

チャーチルは、スターリンに

ドイツのソ連攻撃を公式に警告していますす

チャーチルは『第二次大戦回顧録10』（一九五一年、毎日新聞社刊）で、自ら「我々が欲することは、ヒットラーが早晩ソ連を攻撃するつもりであることを（中略）理解することであります」等を内容とする親書をスターリンに書いたと記しています。そしてさらに、一九四一年四月三日の項では、クリップス駐ソ英国大使にスターリンに直接会って手交するように指示したこと、しかし、クリップス駐ソ英国大使がスターリンに手渡す機会は来なかったこと、結局クリップス大使は四月十九日ヴィシンスキー（副首相）に親書を送り、二十二日にヴィシンスキーからスターリンに伝達されたという連絡を受けたことを記述しています。

チャーチルが自信を持っていたのは、ドイツ側が解読不可能と思っていたドイツのエニグマ（暗号機）の解読に成功し、軍間の通信を手にしていたからです。さすがにこの秘密

◎**ヨシフ・スターリン**（一八七九〜一九五三）
ソ連共産党の指導者、政治家。ジョージア（グルジア）出身。ロシア革命ではレーニンを助けて活躍。レーニンの死後、一国社会主義論を唱えてトロツキーら反対派を追放。第二次大戦では英国・米国などと共同戦線を結成し、対ドイツ戦に勝利。戦後は東欧諸国の社会主義化を推進。

はスターリンに知らせるわけにいかず、そうとは知らないスターリンが、英国からの情報を無視しつづけることとなりました。

グルー駐日米国大使も「ドイツのソ連攻撃がある」という認識を持っています

駐日大使グルーも「ドイツがソ連を攻撃する」と予測しています。グルー駐日大使は『滞日十年』の中で、次のように記述しています。

　ドイツがウクライナの穀物倉とコーカサスの石油を手に入れるための、ソ連攻撃を近くはじめるかどうかは、未知数である。私はこれを早晩まぬがれぬことと思う。

おそらく、グルー大使はこうした観測を本国に報じていると思います。この観測のネタ元は、内容からして、ゾルゲ情報だろうとみられます。ドイツ大使館内情報↓ゾルゲ↓ソ連の流れがありますが、同時に、ドイツ大使館内情報

↓ゾルゲ↓ヴケリッチ↓ニューマン↓ボーレン在日米国大使館館員↓グルー大使↓米国のルートが存在しているのです。

米国は公に、
ソ連に対してドイツの攻撃を警告しています

米国国務省歴史部は『米ソ同盟（U.S.-Soviet Alliance, 1941-1945）』の中で「一九四一年三月、ウェレス国務次官補が、ウマンスキー駐米ソ連大使に、ソ連へのドイツ攻撃を警告した」と記述しています。

ちなみにウマンスキーは、一九四〇年にメキシコで起きたトロツキー暗殺後のメキシコとの関係修復のためメキシコに赴任し、一九四五年一月、当地で飛行機事故により死亡し

◎ジョセフ・クラーク・グルー（一八八〇～一九六五年）
米国の外交官。一九三二～四一年まで駐日米国大使を務める。太平洋戦争開戦まで、日米開戦の回避に努力する。戦後の対日政策立案にも、国務省の親日派として尽力。グルーを中心としたジャパンロビーは、アメリカ対日協議会を組織した。

ています。

スターリンはなぜ「ドイツがソ連を攻撃する」という情報を信頼しなかったのでしょうか

(1)独ソ不可侵条約の存在

ソ連は「ドイツがソ連を攻撃する」という、極めて確度の高い情報を入手していました。そしてそれは、第三者であるグルー駐日アメリカ大使も「早晩まぬがれぬことと思う」と述べています。

本来、こうした情報に最も敏感に反応すべきなのはスターリンです。

しかし、このときは全く違いました。

スターリンが如何に無視したかを、田中陽児、倉持俊一、和田春樹著『ロシア史3』(一九九七年、山川出版社刊)は次のように記述しています。

一九四一年六月十四日、タス通信は声明をだし、ドイツはソ連との条約を破って戦争を開始するつもりだという噂が流布されているが、これは根拠が

ないと断じた。（中略）

こうした状況は開戦前日までつづいた。実際にスターリンは、この日、六月二十一日、ドイツの攻撃を警告するフランス駐在のソ連武官の報告に接したが、そこに『この情報はイギリスの挑発である。この挑発の作成者はだれか探しだして、処罰せよ』と記していた。

では、スターリンはなぜ信用しなかったのでしょうか。

この問題は、独ソ不可侵条約と関係しています。

独ソ不可侵条約は、一九三九年八月二十三日に締結されました。

犬猿の仲といわれたヒトラーとスターリンが手を結んだことは、世界中に衝撃を与えました。この時期日本はドイツとの同盟交渉を行なっており、八月二十八日には平沼騏一郎首相が「欧州の天地は複雑怪奇なる新情勢を生じた」ために交渉を打ち切ると声明し、責任をとって総辞職する事態になりました。

ただ、この独ソ不可侵条約は、ソ連にも利益をもたらしています。この不可侵条約は、東ヨーロッパとフィンランドを、ドイツとソビエトの勢力範囲に分ける意図を持っています。独ソ両国がポーランドへ侵攻し、ソ連はバルト諸国を併合し、フィンランドに戦争を行ない、ルーマニア領のベッサラビアの割譲を要求しました。

スターリンとしては、独ソ不可侵条約で利益を得ているだけに、その枠組みを壊したくないという強い思いを持っています。

同じように、モロトフ外相もまた「ドイツがソ連を攻撃する」という考えに反対しています。

モロトフの前に、外交を担当していたのはリトヴィノフです。

リトヴィノフは一九三〇年、外務大臣に就任しました。彼は西側との協調路線を歩みます。米国と国交回復を行ない、国際連盟に参加しています。ローゼンベルクやソコリンが国際連盟事務次長になっています。このうち、ローゼンベルクは一九三七年逮捕され、銃殺されました。

リトヴィノフの西側との融和政策は、独ソ不可侵条約を進めるスターリンの政策と対立するものです。リトヴィノフは一九三九年五月、外相を解任されました。

この後、首相（人民委員会議議長）であったモロトフが外務人民委員（外相）を兼任し、独ソ不可侵条約に調印しました。

この時期、ブルガリア人ディミトロフがコミンテルンの書記長でしたが、彼は一九四一年六月二十一日の日記に、次のように書いています。（出典『ゾルゲ事件関係外国語文献翻訳集27』)

「重慶からヤナニ(毛沢東)に宛てた周恩来の電報の中で、…ドイツはソ連を攻撃するが、日付は1941年6月21日と言われている」

「朝に、モロトフと電話連絡した。彼はヨシフ・ビサリオノビチ(訳注:スターリン)に情勢ならびに共産党による必要な命令を論議するように求めた」

「モロトフは、情勢は不明である、大きな遊戯が進行している、(中略)と言った」

外務担当のモロトフも「ドイツがソ連を攻撃する」という情報には懐疑的です。独ソ不可侵条約に署名したモロトフとしては、自分の行動の全面否定になりますから、無理もないかもしれません。

スターリンはなぜ「ドイツがソ連を攻撃する」という情報を信頼しなかったのでしょうか

(2)独英の情報機関による工作への警戒

スターリンとしては、自国に有利な独ソ不可侵条約を、ヒトラーとの間で締結しました。

ですからスターリンには、ドイツのソ連侵攻をうかがわせる各種の情報に対しても「米英が中心となって独ソ不可侵条約の枠組みを壊すための謀略」という思い込みがあります。

というのも、スターリンには、それ以前にドイツの情報機関に偽情報を掴まされ、煮え湯を飲まされた過去があります。

スターリン体制下、ソ連軍にトゥハチェフスキーという偉大な元帥がいました。スターリンは彼が自分の地位を脅かすのではないかという強い懸念を持っていました。実際彼を左遷もしています。

この時期に諜報機関SD（親衛隊情報部）が、ドイツ国防軍の将軍たちとトゥハチェフスキーとが接触していたという偽造文書を作成します。

これを一つの契機としてスターリンはトゥハチェフスキーを銃殺させます。以降、スターリンは〝赤軍大粛清〟を行ない、旅団長以上の者の四五％が殺されたといわれています。

スターリンはドイツや英米が仕掛ける情報工作に過敏になり、偽情報を摑まされるのではないかという強い疑惑を持っていました。

〈3〉ソ連におけるゾルゲへの疑惑
ゾルゲの報告はモスクワでは全く評価されませんでした

まず、「ドイツがソ連を攻撃する」というゾルゲの情報が、ソ連によって無視されたところから見ていきたいと思います。

ゴードン・プランゲは、クレムリンが独ソ開戦の警告を無視した時のゾルゲの苛立ちを、クラウゼンの回顧として、次のように記録しています（孫崎注：クラウゼンはゾルゲ・グループの一員として極秘電信をソ連に発信。一九四一年十月十八日、ゾルゲ等と共に一斉逮捕され、一九四三年にクラウゼンは無期禁錮の判決を受けた。戦後、米国が疑惑を持っていることを知り、ソ連に逃げ、その後東独に移り一九七九年に死去）。

「ゾルゲが受信した唯一の反応は次の短い電報だけであった。『貴下の情報の信憑性を疑う』」（ゴードン・W・プランゲ著『ゾルゲ　東京を狙え』一九八五年、原書房刊）

ゾルゲの情報に対する低い評価は、この時が初めてではありません。ロバート・ワイマント（元英国紙「ザ・タイムズ」東京支局長）著『ゾルゲ　引裂かれたスパイ』（二〇〇三年、新潮文庫）には「一九三九年（昭和十四年）九月一日の電文には、ゾルゲのなすべき任務が記されている。部長は明らかに機嫌を損ねていた」として、その電文を引用しています。

「あえて言うが、現下の日本の軍事政治情勢に関するこの夏の貴君の報告は、きわめて劣悪であった。グリーン（日本）はレッド（ロシア）に戦争を仕かけようと、昨今重大な動きを開始したが、われわれの手元にはそれに関する有力な情報は一つも届いていない。それは貴君が、アンナ（オット、孫崎注：ドイツ駐日大使）を介して十分に感知していなければならないはずのものである。

これに関する情報を少しでも多く入手して報告することを、最優先課題とされたい。（中略）わたしが貴君に要求し期待するのは、軍事経済関係の一級情報である。しかし貴君はこれを回避しており、送信してくるのは二義的な情報でしかない」

ゾルゲはモスクワの反応に怒っています。しかし、すでに見たように、より確度の高い情報がベルリンの大使館からきているにもかかわらず、スターリンはこれを無視し、かつ軍のゴリコフ部長や、海軍人民委員クズネツォフ大将からの情報も否定しているのです。より確度の低いと見られるゾルゲ情報は、当然無視される流れの中にあります。さらにゾルゲは、スターリンやソ連の情報機関から、ドイツのスパイ、つまり二重スパイでないかという強い疑念を持たれています。このことが、ゾルゲ情報が信用されない一因になっています。

スパイとしてのゾルゲは、特殊な位置にいました。

ソ連の最大の敵は、ドイツです。

しかしゾルゲは在日ドイツ大使館で働いています。ナチの党員でもあります。典型的な

「二重スパイ」です。

「二重スパイ」をどこまで信用できるかという問題が、ゾルゲには付きまといます。ロシア人は一般に、こうした複雑な状況を好みません。敵か味方か、それも一〇〇％味方か、一〇〇％敵かの、どちらかに分類したい国民です。

ユーリー・ゲオルギエフの『リヒアルト・ゾルゲ　第二次大戦の秘録』がこの問題を扱っています（『ゾルゲ事件関係外国語文献翻訳集31』二〇一一、日露歴史研究センター事務局所収）。


東京のドイツ大使館に警戒されることなく潜り込んで、（ドイツのために）諜報活動をすることは、ゾルゲが1935年にたった一度だけモスクワへ帰任したときに、ソ連軍参謀本部諜報総局長S・ウリツキー（孫崎注：一九三五年四月赤軍参謀本部第四局〈情報局〉長。一九三七年六月、モスクワ軍管区副司令官。同年十一月、モスクワでの蜂起・権力奪取の計画、アメリカ合衆国のためのスパイ行為等の嫌疑で逮捕され、三八年八月、死刑を言い渡され、銃殺）によって、許可を与えられていたからである。そのとき、ゾルゲ諜報団のメンバーが、日本で入手した諜報の一部をドイツ側に提供しても構わない許可を

得ていた。（中略）

そのような許可をゾルゲが得たことについて、ソ連対外防諜員スドプラートフ（孫崎注：一九三八年、対外諜報の次長、トロツキーの暗殺に関与。独ソ戦時は内務人民委員部第四局長となり、敵後方でのパルチザン、諜報・破壊工作を指揮。一九五一〜五二年、ソ連国家保安省〔ＭＧＢ〕第一局長。一九五二年、逮捕）は、次のように言っている。

「ゾルゲは日本でドイツの軍事諜報員と協力することについて、最高指導部から、許可を得ていた。許可を得ていたが、同時に、そういうやり方のスペシャリストは疑惑の目で見られ、伝統的に信用されず、あらゆる秘密情報班の手で、定期的に再点検を受けることになった」という。

（以下、原注）

ゾルゲがＮＫＶＤ（孫崎注：内務人民委員部、主に秘密警察として反革命分子とみなした人物の逮捕、尋問、処刑やスパイの摘発などを行なっていた）側から信頼されていなかったテーマに戻ると、スドプラートフは自分の別の著『特別作戦　ルビヤンカとクレムリン１９３０−１９５０年』の中で触れている。

「東京におけるゾルゲ・グループ（「ラムゼイ」）について、手短に述べることにする。近衛首相のグループから持ち込まれたこの方針に関する情報と、ドイツ大使の見解について、モスクワでは若干、不信の目で見られていた。問題はそれだけではない。ゾルゲを諜報活動に起用したのは1920－30年代に赤軍諜報当局の指導者で、その後、粛清されたベルジン（孫崎注：一九二四年から三五年、赤軍参謀本部第四局長として軍諜報機関の基礎を作るも、三七年十一月に逮捕され、翌年七月に死刑を言い渡され、銃殺）とボロビチが逮捕される前に、ゾルゲが日本におけるドイツの軍事諜報機関と協力することについて、最終的に最高指導部から許可を得ていた。許可を得たものの、それによって疑惑の目でみられるようになった。それゆえ、そのようなやり方は特殊諜報機関に伝統的に信用されなかったし、あらゆる特殊諜報機関によって定期的に査察を受けることになった。（中略）もう一度繰り返そう。『東京のドイツ人グループに近い、我々の情報源の報告を見てみよう。情報源はわれわれの完全な信頼を得ていない。しかし、彼の資料は若干、注意する価値がある』」

結局、ゾルゲ情報は、ソ連からの信頼を得られませんでした。

でも**日本ではゾルゲによる「ドイツはソ連を侵攻する」とする情報は、特別重要な価値あるものと受け取られ、**それは逆にゾルゲ・グループが東京で極刑を受けることにつながります。

たとえば、「特高月報」一九四四年十二月号は『尾崎秀実の手記』（『現代史資料2　ゾルゲ事件2』所収）**の「はしがき」で、次のように書いています。**

> ゾルゲ自身が駐日独大使の信頼を逆用して蒐めたる国際機密例へば昭和十六年六月独逸がソ連攻撃を開始すべきことを一ヶ月以前に予知し、ソ連政府を狂喜せしむる等……。

日本の官憲が、ゾルゲ情報によって「ソ連は狂喜した」という判断の下に、死刑判決が下っているのです。

〈4〉ゾルゲがモスクワで疑惑の目で見られていた決定的な文書が出てきました。一九六四年ソ連、ゾルゲが再評価されるにいたった時の調査で、報告書が出てきたのです

一九六四年ゾルゲはソ連内で再評価され、「ソ連邦英雄」になります。この時GRU（ソ連軍参謀本部情報総局）とKGB（ソ連国家保安委員会）が報告書を作成しました。『ゾルゲ事件関係外国語文献翻訳集12』はこの内、KGBの「リヒアルト・ゾルゲに関する記録文書に基づく結論」を掲載しています。この文書は、『ゾルゲ事件関係外国語文献翻訳集12』以前に西側諸国では、おそらく一度も紹介されていない文書だろうと思います。

●シロトキン（孫崎注：ゾルゲの活動当時、モスクワの参謀本部諜報局極東課で暗号電文の翻訳を担当、日本担当課長相当の地位についていたとの説もある）は、内務人民委員部（孫崎注：NKVD。スターリン政権下で刑事警察、秘密警察、国境警察、諜報機関を統括していた国家機関。主に秘密警察として「反

革命分子」とみなした人物の逮捕、尋問、処刑やスパイの摘発などを行なっていた。この当時の長官はベリヤ）に1936年、次のように報告している。

「1935年7月までは自分は何度もラムゼイ（孫崎注：ゾルゲのコード・ネーム）から報告があった資料を受け取って、解読した。**全ての情報の90パーセントは、秘密課報員からの資料としては全く価値を持っていなかった**」
●シロトキンは1937年9月4日、内務人民委員部に次の通り報告している。
「1935年から36年にかけて、私は課報部の東京の課報活動指導者であるラムゼイ（ゾルゲ）は二重スパイでないにせよ、わが国とドイツのために働いているとすれば、よくても日独の防諜機関の操り人形であると話してきた」
●1939年9月9日、ポポフ（孫崎注：中佐、かつてのGRUの職員で当時は退官）は次のように書いている。
「ラムゼイが与える情報は如何に重要な問題であっても、約15〜30日遅れた。これは巧みに偽装された攪乱のための情報と考える必要がある」

●ポポフは1964年10月8日、KGBにおける対話で、(中略)次のように述べた。

「特にこれは1938年、私の上司であるシロトキンが逮捕され、(中略)内務人民委員部でシロトキン自身が、ゾルゲは個人的に日本人に秘密を洩らした、と言明した。この結果、内務人民委員部作戦要員の間にはゾルゲが裏切り者であり、日本から召喚しなければならないとの強い確信が生まれた」

●1937年9月4日付の文書(中略)は、極めて興味深いものである。

そこには、1936年にゾルゲが送ってきた極秘電の回覧用の解読書に、スターリンがチェックを入れたメモが書かれている。このスターリンの意思は次のようなものであった。

「私にこれ以上ドイツの偽情報を送らないでもらいたい」

●GRU第2部部長代理ボロビチ・ローゼンタールは逮捕され、1937年7月19、20日の尋問の際に、次のように証言した。

「シュタインブリュック(労農赤軍のかつての課報員)によれば、ゾルゲはドイツの諜報機関で長年働いている」

ゾルゲは自分がモスクワに疑われていることを知っています

ゾルゲがモスクワに疑われていることについてＮＨＫ取材班著『国際スパイ　ゾルゲの真実』は、次のように記述しています。

人生の大半を過ごした一方の祖国ドイツを見限り、もう一方の祖国ソビエトの共産主義運動に身をささげたものの、ゾルゲはそのソビエトからさえ冷ややかな扱いを受けることになる。（中略）

赤軍諜報部長だったヤン・ベルジンがスターリンの粛清にあって殺されたころ、ゾルゲ自身の運命もまた決まっていた。

ベルジンはゾルゲの能力を高く評価し、彼をスパイとして極東に送り込んだ張本人だった。そのベルジンを粛清したスターリンは、もし、ゾルゲがソビエトに帰国していたなら、彼をも粛清したにちがいないといわれる。（中略）

アイノ・クーシネンがひとつのエピソードを語っている（『神は己れの天使たちをほろぼす』）。

アイノはコミンテルンの幹部オットー・クーシネンの妻で、赤軍諜報部員として一九三四年（昭和九）一一月から一九三七年末まで日本に滞在し、スウェーデン人エリザベート・ハンソンの名で、主に日本の上流階級に出入りしていた。

一九三七年一一月のある日、彼女はゾルゲに呼び出されて、モスクワへの帰国命令が出ていることを知らされる。このときゾルゲ自身にも帰国命令が出ていたのだが、ゾルゲは組織網を維持するために今すぐには帰れないといい、その旨モスクワに伝えてほしいとアイノに依頼したという。アイノによれば、このときゾルゲも帰国後の運命を薄々感づいているようだった。

ゾルゲグループのひとりヴーケリッチは、警察訊問調書の中で、この点についてさらに明確な証言を残している。

「本年（一九四一年）一〇月のことであるが、自分（ゾルゲ）は許されるならば『モスコー』に帰り度いが、現在『モスコー』には昔の『レーニンググループ』は一人もいないので淋しい。もし自分がいけばおそらく『レーニンググループ』中最後の一人になるだろう。自分は日本に居たから粛清の犠牲になることをまぬかれたのだと話したのである」（『現代史資料24』ゾルゲ事件

4）

　こうして見てくると、命をささげたソビエトにまで無視され命さえ狙われかねなかったゾルゲの、悲壮なまでの境遇が浮き彫りになってくる。

　ところで、モスクワに帰ったアイノ・クーシネンはどうなったのでしょうか。ゾルゲと会ってモスクワへ戻ったアイノは、一九三八年一月一日に逮捕され、モスクワ市内の刑務所での一五カ月間にわたる尋問ののち、北極圏にある極寒のヴォルクタの強制労働収容所へ送られました。

　一九四六年末に釈放されますが、一九四九年、ソビエト連邦からの脱出のためアメリカ大使館に救いを求めたことが、再逮捕の原因となります。

　そして一四カ月にわたる尋問ののち、今度はモスクワの東四〇〇キロのポチマの強制労働収容所へ送られます。

　スターリンの死後、名誉回復がなされ、一九五五年十月に釈放、一九六五年二月に故国フィンランドへの帰国を果たしますが、その五年後の一九七〇年九月に死亡しています。

独ソ戦、開始の日、ゾルゲは荒れました

本書の序章で、開戦の日、当時東京でゾルゲと記者仲間だったロベール・ギランが「生涯唯一度の怒り」をゾルゲに向けて爆発させたこと、そして、ゾルゲがギランを西銀座の「ローマイヤー」に誘い、地下室の階段の陰の観葉植物に隠れた席で、二人きりで食事をし、ギランがその時の印象を次のように書いたのを見ました（35ページ）。

「一九一八年のドイツ敗戦以来、ゾルゲは生涯をかけて平和のために力をつくし、相互理解と生活向上のために働くことを自らの使命と定めた。記者としてのゾルゲは、その線にそってできる限りのことをした。ところがいままたすべてが戦争の渦に呑まれて崩壊しようとしている」
「ゾルゲの印象は、一連の事件によって混乱し、苦悩にさいなまれている人間のそれであった」

この日、ロベール・ギランと別れたゾルゲは、どうしたでしょうか。

NHK取材班著『国際スパイ　ゾルゲの真実』は、次のように記述しています。

当時東京のドイツ大使館員だったエルヴィン・ヴィッカード氏の証言から、独ソ戦勃発当日のゾルゲの心境を、ある程度想像することができる。

（中略）

「（軽井沢から）上野に着いたとき、ちょうど号外が売り出されていました。『ドイツがソ連を攻撃！』というタイトルでした。私は宿泊先の帝国ホテルにもどり、軽く食事をしにバーに降りていきました。バーにはリヒャルト・ゾルゲがいました。

ゾルゲはすでに度をこして飲んでおり、そこに居合わせた人たちに、彼がヒトラーのことをどう思うか話していました。そこには、アメリカ人やイギリス人、フランス人がいましたが、誰も耳をかそうとはしませんでした。

しかし、ゾルゲは英語でヒトラーは大犯罪者であるとか、ヒトラーはスターリンと不可侵条約を締結したばかりなのにもうソ連を攻撃している、などということを大声でさけんでいました」

（中略）

ゴードン・W・プランゲは、クレムリンが独ソ開戦の警告を無視したときのゾルゲの苛立ちを、クラウゼンの回想として次のように記録している。

「ゾルゲが受信した唯一の反応は、次の短い電報だけであった。

『貴下の情報の信頼性を疑う』。

このそっけない返事が届いたとき、ゾルゲはたまたまクラウゼンと一緒であった。彼はとたんに怒り狂い、飛び上がって頭をかきむしりながら、部屋の中を行ったり来たりした。

『どうしてオレを信用しないんだ!』と彼は怒号した。『あのまぬけどもめ、オレの報告を無視するとはなにごとだ!』」(孫崎注:同書が『ゾルゲ 東京を狙え』から引用)

〈5〉ニューマンとはどういう人物でしょうか

話を今一度、「ヘラルド・トリビューン」記者のニューマンに戻します。

ニューマンはマサチューセッツ州生まれ。名門ウィリアムズ大学卒です。ウィリアムズ大学は、今日でも全米リベラルアーツ・カレッジのランキングでは、全米一位となっています。

ニューマンが説明する訪日の経緯というのが変わっています。

著書『グッバイ・ジャパン』によると、一九三七年秋の雨の日、ニューヨークのタイムズ・スクエアのあるホテルの入口の日除けの下にいると、一人の日本人が「火をかしてください」と言って近づいてきて、続いて「一杯やりませんか」と誘い、その席で東京にある新聞「アドバタイザー」に就職を世話すると申し出てくれて、日本への船のアレンジまでしてくれたというのです。これが来日の経緯です。

「火をかしてください」と言ってきたのは、渋沢正雄でした。

渋沢正雄は、先にも掲げましたが、父は渋沢栄一、その三男として一八八八年に生まれ、石川島飛行機初代社長・石川島重工業常務。秩父鉄道・日本製鐵・日満鉄鋼販売・日本鋼材販売各社長並びに常務。八幡製鉄所長などを歴任し、一九四二年、五十五歳で死亡しています。

この問題を見るのには、その父、渋沢栄一の日米関係における動向を、いくつか見ておく必要があります。

一九一〇年頃、米国では日本人移民排斥運動が起こっています。小村寿太郎は渋沢栄一に民間外交の必要を説き、一九一六年、渋沢は日米関係委員会の委員長となります。メンバーには服部金太郎（服部時計店）、浅野総一郎（浅野セメント）、団琢磨（三井合名）、藤山雷太（大日本製糖）らがいました。

渋沢栄一記念財団のホームページを見ますと、渋沢は在米日本人会、日米交換教授、ニュー・ヨーク日本協会協賛会、日米同志会、日米関係委員会、日米協会、日米関係委員協議会、ホノルル米日関係委員会、汎太平洋倶楽部、Pan-Pacific Union、汎太平洋協会、太平洋問題協議会、南部カリフォルニア日本協会、太平洋問題調査会などに関係しています。

米国で渋沢と密接な関係にあったのが、宣教師シドニー・ギューリックです。

「青〜い目をしたお人形は〜♪
アメリカ生まれのセ〜ルロイド
アメリカ生まれのセ〜ルロイドッ
やさしい日本の嬢ちゃんよ
仲良く遊んでや〜っとくれ
仲良く遊んでや〜っとくれ」

の歌がありますが、日米間の人形交換を積極的に行なったのが、渋沢とギューリックです。

子息の渋沢正雄も米国との間で、何らかの関係を持っていたとみられます。

ニューマンはナショナル・ハウス（孫崎注：外国人に対し宿泊施設を提供しつつ、国際交流事業を実施せんとするもの。今日かかる構想の最も充実したものに、六本木にある国際文化会館がある）の第一号となる予定でした。そうすると、「火をかしてください」という話しかけから関係が出来たというのは、あまりに不自然です。「東京にある新聞『アドバタイザー』に就職を世話する」と渋沢正雄が言ったとされていますが、「アドバタイザー」紙は当時東アジアで最高の英字新聞の一つとみなされていました。「火をかしてください」と言った相手が簡単に勤められるような職ではありません。

すでに、ニューマンと渋沢との間には、タイムズ・スクエアのホテルの入口で会う約束が出来ていて、その時の合言葉が「火をかしてください」であったとみるのが自然です。そうすると、ニューマンと渋沢の間で事前に会う約束が出来ていたとして、米国の誰かが仲介しているとみていいと思います。この人物は、ニューマンとしては隠しておきたかったのだと思います。

そうなると、ニューマンという人物には、語られていない何かがありそうです。

ニューマンは第二次大戦直後、モスクワに支局長として赴任、その後アルゼンチンと、米国にとって微妙な地域に赴任しています。

日本の検事や警察はゾルゲ事件の訊問で、
ゾルゲたちとニューマンの関係をどこまで追及したでしょうか

ゾルゲ・グループは、ヴケリッチからニューマンを通して「ドイツがソ連を攻撃する」という情報を米側に流しました（195ページ）。

ゾルゲたちが検挙され、判決を言い渡されるまでの間に、日米戦が始まりました。日本の戦っている相手は米国です。ソ連ではありません。

したがって、国家の情報の漏洩（ろうえい）があったのならば、一番考慮しなければならないのは、最大の敵国米国との間で、ゾルゲ・グループがどのような情報を流したかです。

一九四二年九月十二日、予審判事中村光三はゾルゲに対し、訊問を行なっていますが、ここから、ニューマンがヴケリッチ経由で、ゾルゲ・グループにいかなる情報を流したかを、見てみたいと思います。

❶一九四一年九月か十月、グルー大使がアメリカ倶楽部において米国人向けに行なった

演説内容（大使より近衛首相や天皇側近に対して、軍部に従っているだけでは日本は破滅するという手紙を出した件）
❷米国大使館ドーマンを経由して、松岡外相帰国後の日米交渉状況
❸米国大使館ドーマンを経由して、「松岡をして職を去らしめたい」と米国が言っている件、一九四一年七月十八日の豊田外相就任を歓迎していること
❹米国大使館ドーマンを経由して独ソ戦に対する日本の態度と米国の措置
❺南方問題特に仏印あるいはシンガポールに関する件

表に出てきているだけで、これだけあります。

一九四一年、十月にゾルゲ・グループが逮捕される前、ゾルゲと米国側の情報の流れには、米国大使館ドーマン↓ニューマン↓ヴケリッチ↓ゾルゲ、そしてたぶんその逆のゾルゲ↓ヴケリッチ↓ニューマン↓ドーマンというルートがあります。ゾルゲにとっては、在日ドイツ大使館と同様に、ニューマンは重要なソースになっています。

ゾルゲに関心を持っている方で、「ゾルゲ・グループは米国人記者を通じて、米国大使館とも密接な関係をもっていた」ということを、どれだけの人が知っているでしょうか。

もしニューマンが十月十五日、日本を脱出していなかったら、
どうなっていたでしょう。
ゾルゲ事件の評価はがらりと変わります。
ソ連だけでなくて米国ともつながっているのが明確になります

もし十月十五日、ニューマンが日本を脱出していなかったら、ゾルゲ事件の評価はどうなったでしょうか。

ゾルゲは、ヴケリッチ経由で、米国人記者と極めて微妙な情報のやり取りをしています。「ゾルゲ諜報団」にニューマンが加わっていたと、みなさざるを得ません。

ここでニューマンが逃げた経緯を、今一度振り返って見てみたいと思います。先にも記したとおり（194ページ）、伊藤三郎氏は「渋沢正雄に危機を伝えたのは誰か」を追及する過程で、渋沢正雄の息女、鮫島純子氏より次の証言を引き出します。

「もうそろそろいいかしらねー。（ニューマンが自身の危険について、父・渋沢正雄から何らかの情報を知らされていた）可能性はあったと思います。
実は私どもの親戚筋に陸軍の幹部がおりまして、そこからかなり重要な機密

が父に、そして父はニューマンに耳打ち……という可能性が」（『開戦前夜の「グッバイ・ジャパン」』）

ここで「陸軍の幹部」から情報が出てきたというのが重要です。

この本では、これまで、❶東條陸相がゾルゲ事件を近衛首相追い落としに利用した、❷ゾルゲ・グループがソ連のスパイであったから治安維持法などで極刑に持っていけたと見てきました。

ところが、ゾルゲ機関は、米国人記者ニューマンと密接な関係があり、ゾルゲ機関が米国と密接な関係があったとなると、ゾルゲ・グループの糾弾の方向が、全くの混乱状態に陥ります。

しかし尾崎が十月十五日に逮捕されたとしたら、「陸軍の幹部」はどうして、ニューマンを十月十五日に出国させることができたのでしょうか。

ここでも、尾崎が十月十四日に逮捕されたとすれば、この情報が軍内に回り、それによってニューマンが十五日に脱出できたと考えられ辻褄（つじつま）が合います。

〈6〉十月十五日ウォルシュ司教の離日
ウォルシュ司教は一九四一年十月十五日午前六時に、飛行機で東京を離れました

十月十五日、今一人、東京を離れた人物がいます。米国人、ウォルシュ司教です。午前六時に飛行機で東京を離れたとされています。

松本重治氏（戦前は同盟通信社編集局長）は著書『近衛時代（下）』（一九八七年、中公新書）で、次のように記述しています。

> ドラウト神父と一緒に（日米）和平努力をはじめた彼の上役のウォルシュ司教は、そのころ日本にきていた。琵琶湖湖畔に居をかまえて、そしてすでに日本に帰っていた井川がいろいろウォルシュの世話をしていて、陸軍の武藤章に話をして、それで当時外国人は非常にスパイ視されて、（略）検閲をうけていたのに、ウォルシュの行動だけは自由に放任させてもらったりした。（中略）
>
> それはともかく、ウォルシュは十月十五日に日本を離れて、広東、香港、フィリピンを経て、アメリカのクリッパー機でアメリカに帰るということに

なった。（中略）そうしたら（略）アメリカに行く来栖（くるす）（孫崎注：駐米大使）と同じクリッパー機に乗っちゃう、変な事がおきた。

彼はそれまで、琵琶湖湖畔に居を構えていたのです。なぜあわただしく米軍機で離日したのでしょうか。

このウォルシュ司教も、謎の多い人物です。

一八九一年生まれ。ウォルシュ司教が所属していたメリノール宣教会はアメリカの修道会で、アメリカのカトリック信徒が外国宣教を行なう目的で一九一一年に設立されました。ウォルシュ司教は、一九一八年、最初の外国の布教地として、中国に派遣されます。メリノール宣教会は「カトリックの海兵隊」と言われるように、厳しい土地での宣教活動に従事しますが、二十世紀前半は、中国を主体に活動しています。

◎**ジェームズ・E・ウォルシュ**（一八九一〜一九八一）米国人カトリック宣教師。メリノール宣教会所属。一九二七年に中国・江門の司教となり、三六年から一〇年間総長を務める。メリノール宣教会の正式な来日は三三年。四八年に中国に戻り、中国共産主義政権下五八年に逮捕され、禁固二〇年の刑を受けるが、七〇年に解放される。

ウォルシュは、一九二七年に江門の司教となり、創立者が逝去した一九三六年から一〇年間総長を務めますが、戦後、ローマ教皇庁は中国での特別な任務を彼に望んだので、一九四八年には中国に戻ります。一九四九年に成立した中国共産主義政権下で一九五八年に逮捕され、一二年後の一九七〇年に解放されました。

一九一七年より、日本語を勉強したメリノール会員が日本を訪れていますが、メリノール宣教会としての正式な来日は、一九三三年。その二年後に滋賀県で宣教を開始、京都を拠点として活動を展開しました。カトリック教会の京都における活動は、一八九〇年パリ外国宣教会によって河原町に聖フランシスコ・ザビエル教会が建てられ、一九三七年には京都地方区が大阪教区より分離し、メリノール会宣教師が着任しています。

ウォルシュは一九七〇年七月十日、刑期の半ばで釈放されます（判決は禁固二〇年）が、この動きは米中国交回復と関係しています。一九七二年二月二十一日にニクソン大統領夫妻は北京を訪問しますが、その前から米中双方に様々なシグナルの交換がありました。

ニクソンは一九六九年七月から八月にかけて、中国と緊密な関係を持っていたパキスタンとルーマニア首脳に、中国指導者との交流を求める旨の伝言を託しています。ウォルシュの釈放も、米中国交回復前、双方が関係改善への意志を示した様々なシグナルの一つでした。

逆に言えば、中国は「米国はウォルシュを重要人物視している」と考えてのことでした。

このウォルシュ司教は、日米開戦にも重要な役割を担っています。

日本は、日米交渉で米側の強硬姿勢に何ら変化が見られず、最後通牒を突きつけてきたと判断して、先制攻撃としての真珠湾攻撃を行ないました。

そもそも、日米交渉がなければ、日本はここまで追い詰められたと感じなかったかもしれません。

では、この日米交渉はどのようにして始まったのでしょうか。

日米交渉の契機は
二人の神父の来日からです

一九四〇年十一月二十五日、日本郵船の新田丸が横浜に到着しました。新田丸は一九四〇年三月竣工、一九四一年九月日本海軍に徴傭され、空母「冲鷹」となった船です。

この船に、ウォルシュとドラウトの二人の神父が乗っていました。日本との交渉を行なうためです。日本側の当初の相手は井川忠雄です。元々、大蔵官僚で、当時は産業組合中央会理事でした。

井川忠雄著『井川忠雄　日米交渉史料』（一九八二年、山川出版社刊）は井川が近衛文麿等に発出した書簡（十二月十二日付）を掲載していますが、その中に次の記述があります。

●来朝に先ちルーズヴェルト大統領と連絡を取りたりと信ぜらるる口吻あること。

●日米会議に対する日本側の空気良好ならば、年末離日帰米の上、直ちにルーズヴェルト大統領はじめ米国政界財界有力者と会見の予定なる旨洩らせること。

●更にこの書簡には別添として、「日米国交の全面的調整の為、日米会談を提唱せむとす。之が為には大体左の順序を踏むを適当とするやに存ぜらる」とするドラウト等の案を加えている。

井川はドラウトが日本滞在中にもちかけた「日米首脳会談」案を、近衛総理大臣、松岡外務大臣、武藤章陸軍省軍務局長らに取り次ぎます。

両神父は日本側と会談を重ねた後、帰国し、ハル国務長官とルーズベルト大統領に長時間報告しています。ルーズベルト大統領とは二時間会談していて、これが契機で日米交渉が開始されます。この過程で陸軍省の前軍事課長岩畔豪雄（いわくろひでお）大佐が参加しています。

ウォルシュとドラウトの両人とも中国での生活が長いので、日中戦争の調停に乗り出すならわかりますが、なぜ日米関係で、しかも誰よりも早く、一九四〇年に「調停」に乗り出したのでしょうか。

私たちは、カトリック教会とナチの関係を見ておく必要があると思います。当時ドイツの人口の三分の一がカトリック教徒でした。当初カトリック教会はナチとの連携を志向しますが、ナチのカトリック教徒への迫害が始まりました。

一九三七年、ナチおよびヒトラーを間接的に非難する回勅（encyclical）『ミット・ブレネンダー・ゾルゲ（深き憂慮に満たされて）』がバチカンから発出されます。

一九三九年九月一日、ナチ・ドイツはポーランドを侵攻します。ポーランドはカトリックの国です。ここからナチのカトリック神父に対する激しい弾圧が始まります。

そして、一九四〇年九月二十七日、日独伊三国同盟が成立しています。

彼らは日米交渉で何を目指したのでしょうか。「カトリック教会の海兵隊」と呼ばれるメリノール宣教会は、何をしたのでしょうか。

メリノール宣教会の拠点は上海です。上海にいる日本軍は中国人を激しく弾圧しています。これを見てウォルシュ司教は何をしようとしたでしょうか。日本軍との平和共存でしょうか。

さて、ウォルシュ司教は一九四一年十月十五日午前六時に、飛行機で東京を離れましたが、通常の便ではありません。

ウォルシュ司教が十月十五日、尾崎秀実の逮捕後も日本に残っていたとすると、事は複雑になります。

ウォルシュ司教は、武藤章陸軍省軍務局長や岩畔豪雄軍事課長と関係があります。ここでもウォルシュ司教の日本脱出は陸軍と関係していると考えるのが自然です。

その謎めいたウォルシュ神父は、一九四一年夏、日本にいたのです。

一九四一年十月十四日、ウォルシュは井川理事から即刻日本を発つよう助言されます。

そして十月十五日午前六時、ウォルシュは飛行機で東京を離れました。まず広東に飛び、香港で乗り換え、マニラ、グアム等を経由してワシントンに向かいました。順調なら四日間の旅です。

ウォルシュ神父は、伊藤述史（いとうのぶみ）情報局総裁、牛場友彦（一時、近衛内閣総理大臣秘書官）、西園寺公一らから「ルーズベルト大統領が近い将来に近衛首相と会談する明確な保証を与えない限り、近衛内閣は不幸な結果になる」という覚書を持参していました。

十月十四日午後六時には、近衛首相とも会談しています。

十月十四日の段階で、「近い将来に近衛首相と会談する明確な保証を与えない限り、近衛内閣は不幸な結果になる」という書簡を手に、米国に発出しようとしていたということは、近衛首相の側近は、十月十五日に近衛が突発的に辞任することになる状況を、全く把握していなかったことを意味します。

ウォルシュのワシントンへの旅は、実にゆっくりしたものでした。ワシントンに着いたのは、ちょうど一カ月後の十一月十五日です。

まだ日米双方が交渉の席に着いていない時に、ウォルシュは交渉の席に着かせるように努力しました。そして一九四一年十月、まさに交渉が暗礁に乗り上げようとしている時に、一カ月もかかって帰国しています。この遅さは何でしょう。

それにしても、井川理事は誰からの情報で、十月十四日、日本を発つように進言したのでしょうか。

ゾルゲ事件では、牛場友彦、西園寺公一らが疑惑の目を向けられています。もし、ウォルシュが残っていて逮捕されれば、ゾルゲ事件は武藤章陸軍省軍務局長や岩畔豪雄軍事課長のところにまで広がっていきます。

ウォルシュが日本を去るように警告されたのは十四日、井川理事からです。通説では、まだ、尾崎秀実は逮捕されていません。井川理事は当然、武藤や岩畔から警告を受けたと考えられます。ではなぜ彼らは、ゾルゲ事件が緊迫していることを知っていたのでしょうか。

メリノール宣教会が「カトリック教会の海兵隊」と呼ばれることは見てきました。メリノール宣教会神父の中に、政治的に重要な役割を果たす人たちがいます。

一九四一年十二月八日、日米開戦が始まるとカトリック、プロテスタントを問わず、米国籍の宣教師たちは全員が神戸の外国人収容所に収容され、日米交換船などで米国に帰りました。メリノール宣教会の京都地区の地区長はバーン神父で一九三五年に来日していますが、彼は米国に帰ることを拒み、日本に残ります。

戦後、バーン師はマッカーサーの宗教顧問になり、その後、司教に叙され、一九四七年に駐バチカン使節としてソウルに赴任します。一九五〇年十一月二十五日、朝鮮戦争で北朝鮮軍によるソウル侵攻の際、捕虜となり、平壌(ピョンヤン)から中国国境の鴨緑江(おうりょくこう)に近い中江鎮(ちゅうこうちん)まで死の行進をさせられ、与えられた食料を一緒にいた人々に与えて餓死しています(出典:カトリック社会問題研究所『福音と社会287』)。

〈7〉尾崎秀実の逮捕

尾崎秀実の逮捕は一九四一年十月十五日です。それが定説です。

この日付に疑問を持つ人は、これまで誰もいませんでした。この日付への言及をいくつか見てみます。

1：尾崎秀実の関係者

(1) 尾崎秀実の記述

「尾崎秀実の手記」を見てみます。

この手記は「私は昭和十六年十月十五日の朝検挙せられ」で始まっています。そして、次の記述があります。

「昭和十六十月十五日の朝、検事の一隊に襲撃されました。これより前二、三日の間私には多少不安な予感がありましたが、この時、大体に於て、私の生涯の総決算の日が遂に来つたことも覚悟いたしました。

『楊子は学校へ行ったか』と確め、子供のこの場に居合せなかったことに一安心し、最後に妻には顔も向けず、特別の言葉も残さず家を立ち出でました」

(2)尾崎秀実の妻

『愛情はふる星のごとく』は、監獄にいる尾崎秀実が妻へあてた手紙を収録しています。ここに妻、英子が追悼の言葉を記載しています。

ここにも「一九四一年十月十五日の朝、尾崎は検挙されました」で始まっています。

(3)尾崎秀樹(ほつき)(尾崎秀実の弟)

著書『ゾルゲ事件』の「プロローグ」は「尾崎秀実は一九四一年十月十五日、東京目黒の自宅で検挙された」で始まっています。

逮捕された本人、関係者が「十月十五日逮捕された」と言っているのですから、まず疑問の余地がありません。

ただ、尾崎秀実の関係者三人がすべて、「私は十月十五日の朝、検事の一隊に襲撃されました」(尾崎秀実)、「十月十五日の朝、尾崎は検挙されました」(秀実の妻)、「十月十五日、東京目黒の自宅で検挙された」(秀実の弟)と、ほぼ同様の書き出しで始まっているのは、何か不自然な気がしますが、それはそれで、まあそういうこともあるかなと思っていました。

2：捜査当局

内務省警保局保安課『ゾルゲを中心とせる国際諜報団事件』

同報告書の「対日諜報機関関係被検挙者一覧表」（『現代史資料1』）では、「尾崎秀実」の項には「（検挙年月日）一六、一〇、一五」となっています。何の疑問の余地もありません。

ところが本文を見ますと、若干の齟齬（そご）が出てきます。

「（二）捜査の端緒、検挙の経過」を見ますと、「検挙は組織の核心に及ぶを得て十月十四日以降、尾崎秀実、リヒアルド・ゾルゲ等の検挙に及び」と書いてあります。

上記の「対日諜報機関関係被検挙者一覧表」で、十月十四日に検挙された人はいません。尾崎秀実は十五日、ゾルゲ、クラウゼン、ヴケリッチは十八日です。なぜ報告書の本文には「十四日以降」と書いているのでしょう。

逮捕が何時かと言うのは、一見、何でもないようですが、実は東條、近衛がこれをいつ知ったかという意味で、重要な意味合いを持っています。

3：ゾルゲ事件解説書

❶ＮＨＫ取材班『国際スパイ　ゾルゲの真実』

「一五日尾崎が逮捕される」

❷ディーキン、ストーリィ著『ゾルゲ追跡（下）』

「尾崎は獄中で次のように書いた。『一九四一年十月十五日の朝、検事の一隊に襲撃された』」

（別のところには次の記述がある。「十月十四日火曜日の夕刻、ゾルゲは満鉄ビルのアジア・レストランでいつもの通り尾崎に会うことになっていた。彼は約束を守ったが、尾崎は現われなかった」）

❸マリヤ・コレスニコワ、ミハイル・コレスニコフ著『リヒアルト・ゾルゲ』

「十月十五日、上目黒の尾崎の家の前で、玉沢検事、中村特高第一課長、特高課員数名をのせた警察の自動車がとまった。つい一週間前に、尾崎は外国の新聞記者リヒアルト・ゾルゲと秘密につきあっていたことがはっきりしたのであった」

こうしてみると、**尾崎秀実の逮捕が十月十五日であることは何の疑いもないように見えます。**

最初に「尾崎秀実の逮捕は十月十四日」と意識的に主張した人は、渡部富哉（わたべとみや）氏です

日本の社会運動家に渡部富哉という人がいます。これまでも紹介しましたが、一九三〇年生まれ。ベトナム反戦運動や成田空港反対闘争に参加。ゾルゲ問題では、『偽りの烙印―伊藤律・スパイ説の崩壊』（五月書房刊）を著し、定説化されていた伊藤律のスパイ説に反論しました。

サイト「ちきゅう座」に、同氏による「尾崎秀実の10月15日逮捕は検事局が作り上げた虚構のひとつ？　その2」が掲載されていますが、その中で渡部氏は、二〇〇〇年九月、モスクワで開催された「第2回ゾルゲ事件シンポジウム」において、ロシアの研究家トマロフスキー氏によって報告された「特高捜査員に対する褒賞上申のための内務省警保局内部資料」（関東軍憲兵隊が保存し、その後ロシア公文書館蔵）という資料の存在に言及し、次のように述べています。

この「特高捜査員に対する褒賞上申書」はゾルゲ事件の検挙に功労があった特高警察官の功労の内容が具体的に書かれている。

宮下弘の項目には、「尾崎秀実が1941年10月14日に逮捕されるや否や、彼は直ちに尾崎を取り調べ」云々と書かれ、河野啓警部補の欄には、「10月14日から10月16日にかけて、高橋与助警部を助け、当該事件の主犯の一人、尾崎秀実を取り調べ」云々とあり、（中略）

宮城を検挙して、尾崎に関する自供はとったものの、エリートコースの内務官僚は、近衛内閣のブレーンの一人で、あまりにも著名な尾崎の逮捕は、内閣の崩壊をもたらし、緊急課題となっている日米交渉、ひいては日本の進路の軌道修正さえもたらしかねないような、尾崎検挙の重大な決断をしたものの、尾崎に拷問を加え、直ちに供述させる取り調べの現場は、その道にかけては熟練の特高にまかせ、**10月14日の深夜になって、尾崎の自供を得て、翌15日付の玉沢光三郎検事の形式的な「人定訊問調書」**（『現代史資料』第2巻　第1回訊問調書）**を作成して辻褄を合わせ、それによって以後、「10月15**

日　検挙」と記録され、これに矛盾する一切の記録は許可しないという方針をとった。（中略）

　検挙された尾崎を、何としてもその日のうちに自供させるために、尾崎に加えられた残酷で熾烈な拷問が1日の時間差を生ずることになったと思われる。それが「勾引月日」と目黒警察署の拘留記録と1日の違いが生じた原因であろう。（中略）

　ゾルゲを直接取り調べた吉河光貞の公表された証言もこの際、検討しておこう。（中略）

　吉河は「尾崎を検挙して連れてきた場所が間違って伝えられていますが、目黒署ではなくて、元の三田署なんです。15日の午前10時すぎだったと思います。ぼくが行く前に高橋与助という警部が下調べをしておったらしい。**最初はずいぶん、はげしいやりとりで調べがあったらしいんですが、**あまり警察の手をいつまでも煩わせてはならない。

　勾引と同時に行けということで、まだ割れた（自供）という報告はないんですが、出かけて行った。（中略）

尾崎は朝の調べで相当に興奮して、**疲れていました。**ぼくは看守だけ置いて、特高の連中を遠ざけて、尾崎に会いましたが、無理な調べをしようとは思わないで、こう言いました。『実は尾崎君、宮城が捕まって、意外な供述をしたんだ。勿論、進んでしたんじゃないだろうが、供述したんだ。君を猿沢の池で呼び出したのは自分だと言っている。コミュニストとして君とゾルゲのもとで身命を賭して諜報活動に従事していることを宮城が言っている。もう事件の内容もわかっているんだ』と。（中略）

エリートコースのキャリアは当然、凄惨な尾崎の拷問現場には立ち会っていない。吉河や玉沢が尾崎を訊問する前に、宮下弘、高橋与助、高木昇、伊藤猛虎、柘植準平ら特高の拷問と深夜におよぶ取り調べがあった。それは何よりも前述した宮下の回想（「国際諜報団事件の検挙」）の具体的で、臨場感のある証言が証明している。

発掘された事件記録簿が示すもの

警視庁の「検挙人旬報」から「勾引月日」を見てみよう。そこには、尾崎秀実が「十月十四日」に勾引されたことが、明確に記載されている。

「最近における共産主義運動検挙秘録」は「昭和十八年三月刊行」と書かれ

ており、「全国特高警察官のブロック研究会における、特高第一課、第二係長宮下弘警部の講演記録」である。

その**特高警察の内部資料には、尾崎の検挙月日について、以下の通り書いてある。**

「宮城与徳を検挙したのは10月10日で、完全な自白が12日になる。

直ぐのちの検挙対策ということになるが、外国人は特に巨頭であり、しかも巨頭のゾルゲは独逸の大使館に出入りしていて、大使の信頼は非常に厚い。私設秘書と称しておって、大使館の中にも席をもっている。これはもう独逸大使館の情報網としては最高の情報網である。これを抜かれることは、大使館としては非常な打撃である。ということは警視庁外事課の平素の視察によって分かっていた。したがって直ちにこれをロシアのスパイと認めて検挙するということは躊躇せざるをえなかった」（中略）

「そこでまず第一に尾崎を検挙しよう。尾崎もゾルゲを知っている。宮城の供述と尾崎の供述がぴったり合えば、これはもう間違いない」（中略）

「それには尾崎を検挙したら即日、自白させて、直ぐに後を検挙することに

決めて、14日の早朝、尾崎を検挙して直ちに、宮下係長以下首脳部がこの取り調べに当たった」と書いてある。

『現代史資料2 ゾルゲ事件2』は、尾崎秀実に対する訊問調書を掲載しています。冒頭に「昭和十六年十月十五日目黒警察署に於て、検事玉沢光三郎は裁判所書記大塚平八郎立会の上、右被疑者に対し訊問すること左の如し」とあって、長文の調書を作成しています。

尾崎秀実を担当した特高の宮下弘は、著書『特高の回想―ある時代の証言』で「早朝に逮捕して、わたしは正午ごろから取調べはじめて、夕方にはおちた。その後部下に任せた」と記述しています。

もう一度、吉河光貞の証言を見てみましょう（前掲「ちきゅう座」）。

「15日の午前10時すぎだったと思います。ぼくが行く前に高橋与助という警部が下調べをしておったらしい。最初はずいぶん、はげしいやりとりで調べがあったらしいんですが、あまり警察の手をいつまでも煩わせてはならない」と言っています。

そうすると、特高の宮下弘がいう「早朝に逮捕して、わたしは正午ごろから取調べはじめて、夕方にはおちた」の入る時間がありません。

逮捕を十四日ではなく、十五日にずらすことで、都合のいい事情があったでしょうか。

ここで、今一度、時系列を見てみます。

	日米開戦関係	尾崎関係
十月十二日	「荻外荘五相会議」 近衛首相対東條の対立 但し、暫定的合意成立	東條の側近憲兵司令部本部長木戸内相を訪問
十月十四日	定例会議 豊田外相と東條の対立 会議前に近衛首相対東條の対立 近衛首相辞意固める（東條の側近佐藤賢了軍務課長判断） 夜　東條側近・鈴木企画院総裁、近衛を訪問し、近衛辞任後を協議	早朝、尾崎秀実拘留（新たな主張）
十月十五日	近衛首相辞意を周辺に伝える	尾崎秀実検挙（公的発表、通説）

十六日　近衛内閣総辞職

十月十八日　東條内閣成立　　　　　ゾルゲ検挙

すでに私たちは、尾崎秀実が十四日に捕まるか、十五日に捕まるかで、大きな差が出ることは見てきました。

だからこそ、検察・警察は「十五日検挙」を強く打ち出しているのです。

私はあらためて、尾崎逮捕の日がいつであったか、献の再チェックを始めました。

なんと、ウィロビーが自分の本で十四日と書いていました。

渡部富哉氏の十月十四日逮捕説は、

ウィロビー自身の著書で裏打ちされています

尾崎が十四日に逮捕されたか、十五日に逮捕されたか、一見大した違いを持たないように見えるものが、「ゾルゲ事件」の本質に深く関わっている可能性が出ました。

❶東條陸相は近衛の辞任を迫っている、❷しかし、当時まだ近衛首相に力があったので東條陸相に政権を渡すことはしない、❸しかし、東條陸相が近衛首相の側近である尾崎を逮捕し、「貴方はソ連のスパイに加担してきた」と迫れば、近衛は政治的信用を一気に失墜する、❹それは尾崎が十四日に逮捕され、その日のうちに自供させれば可能である、❺他方十五日を逮捕の日にすれば、近衛首相に辞任意志の確立後、ゾルゲ事件が発生したことになり、近衛辞任とゾルゲ事件の直接的な関係はないということになります。

逆に言うと、日時はこれだけ重要ですから、当局は、尾崎と同夫人に圧力をかけ、「私は昭和十六年十月十五日検挙され」と書かせたものとみられます。

それで、私は尾崎の逮捕日がどうなっているか、徹底的に調べ始めました。

「灯台下暗し」で、なんと、**ウィロビー著『赤色スパイ団の全貌―ゾルゲ事件』に次の記述があるのです**。

「**尾崎は十月十四日に拘留された**」。

特高外事課の大橋秀雄は

著書『真相ゾルゲ事件』で、「十月十四日勾留」と書いています。

しかし、なんと彼は、後に書き直して十五日にしています

私はこの本の「はじめに」で、特高でゾルゲの主任取調官であった、大橋秀雄の『真相ゾルゲ事件』に言及しました。そして彼が「私はゾルゲに死刑の判決が降りるとは予想していなかったし、後に送致意見書を作成した時も、情状の項に、『相当の刑を科せられたく』と書いた」のを見てきました。

彼はこの著書で、尾崎秀実逮捕について、次のように書いています。

特高一課は宮城与徳の自供に基き東京地検の指揮をうけて、十月十四日目黒区上目黒五丁目二四三五番地の自宅で尾崎秀実の勾引状を執行して目黒警察署に勾留した。

ここで、十月十四日説は、❶渡部富哉氏、❷ウィロビー氏、❸特高のゾルゲ主任取調官大橋秀雄の三者が主張していることになります。

一気に、この説が有力になる状況が出てきました。

大橋秀雄が『真相ゾルゲ事件』を出版した時、「取調主任として約五ケ月間東京拘置所でゾルゲの取調に当り、被疑者訊問調書を作成して検事局に事件を送致した。（中略）その取調主任の私と、更にゾルゲの訊問取調を担当した吉河光貞検事の二人が最も事件の内容を知っていると信じているので、**ゾルゲ事件を正しく伝える資料として、**（中略）**世間に紹介するため執筆した」と書いていました。**

一九七七年に非売品として刊行されたこの本は、その後再版されました。松橋忠光・大橋秀雄著『ゾルゲとの約束を果たす―真相ゾルゲ事件』（一九八八年、オリジン出版センター刊）です。「ゾルゲと対決した警視庁特別高等警察部の警部補で取り調べ主任であった大橋秀雄が、ゾルゲおよび尾崎秀実の刑死を悼みつつ、事件の真相を明かす」との宣伝ネームがつけられています。

ところが本を見ていくうちに、私は、自分の目を疑うような記述をみつけました。そこには、次のように記述してありました。

　特高一課は、東京地検の指揮をうけて、十月十五日目黒の自宅で尾崎秀実の勾引状を執行し、目黒警察所に勾引した。

後世のゾルゲ研究家のために提供したいと書いた著者が、なんの説明もなく、尾崎拘引の日付を十五日に変えているのです。

さて読者の皆さんは、同じ著者が書いた部分の、どちらが真実だとお感じになるでしょうか。

❶『真相ゾルゲ事件』(一九七七年十一月自費出版)
「特高一課は東京地検の指揮をうけて、十月十四日目黒区上目黒五丁目二四三五番地の自宅で、尾崎秀実の勾引状を執行して目黒警察署に勾留した」(この本は、十数社が出版を断わった)

❷『ゾルゲとの約束を果たす―真相ゾルゲ事件』(一九八八年初版)
「特高一課は、東京地検の指揮をうけて、十月十五日目黒の自宅で尾崎秀実の勾引状を執行し、目黒警察所に勾引した」

すでに私たちは渡部富哉氏の記述、「10月14日の深夜になって、尾崎の自供を得て、翌15日付の玉沢光三郎検事の形式的な「人定訊問調書」(『現代史資料2』所収、第1回訊問調書）を作成して辻褄を合わせ、それによって以後、「10月15日　検挙」と記録され、これに矛盾する一切の記録は許可しないという方針をとった」（259ページ）を見ましたが、私は、この記述が正しいと思います。

　ということは、戦後になっても、ゾルゲ事件の真実を明かしてはならないという圧力が存在することを意味します。そのことはゾルゲ事件に関わった検察当事者が、戦後、検察の主流を歩んだことで納得できます。

十月十四日説が正しいとすると、
十月十五日逮捕説には大変な捏造（ねつぞう）があり、
それも執筆者への圧力の下に実施されています

　尾崎検挙については、ゾルゲに関する本のほとんどが十月十五日となっています。

　しかし、こうして見ると、尾崎秀樹の「尾崎秀実は一九四一年十月十五日、東京目黒の自宅で検挙された」も、秀実の妻の「一九四一年十月十五日の朝、尾崎は検挙されました」も、圧力で歪（ゆが）められた可能性が高いのです。

　そして一時は、『真相ゾルゲ事件』で十四日と書いた元特高の大橋秀雄氏も、豹変しました。

逆にそのことは、十四日に尾崎秀実が検挙されたことの重要性を浮かび上がらせます。しかも、十四日に尾崎が検挙されたとなると、十五日にウォルシュ司教やニューマンが日本側の軍部等の囁き(ささや)によって即、離日したことが、解りやすくなります。

［第四章］

ゾルゲ報告とソ連極東軍の西への移動

ゾルゲの「日本軍はソ連を攻撃しない」との報告で、ソ連軍が極東から西部戦線に移動できたことが、ゾルゲの最大の功績とされてきました

ゾルゲの「日本軍はソ連を攻撃しない」とのソ連への報告で、ソ連軍が極東から西部戦線に移動できたことがゾルゲの最大の功績とされてきました。この点を、検証していきたいと思います。

(1)ウィロビー元最高司令官総司令部参謀第二部長の見解

本書の第二章（163ページ）で、ウィロビー元GHQ参謀第二部（G2）部長の著書『赤色スパイ団の全貌―ゾルゲ事件』に、次の記述があるのを見ました。

一九四一年六月以降のゾルゲ・スパイ団の主要目標は、日本のソ連攻撃計画に関する情報蒐集であつた。当時、ソ連はドイツ軍の西部ロシア侵攻をう

けて、ソ連陸軍は大打撃を蒙っていた。依つて、シベリア方面の駐屯軍を西部戦線に補充する必要を生じたが、日ソ関係も微妙な状態にあつたので、赤軍はシベリアの防備をゆるがせには出来なかつたのである。

ソ連は西部にドイツ軍の侵入をうけ、東部に日本軍の脅威を感じ、全くの窮地に陥ち入つていたので、日本のソ連攻撃の意志の有無を確聞したかつたのである。

ここに於て、ゾルゲの『日本軍はソ連攻撃の意志なし』との情報に基き、ソ連はシベリア師団を西部戦線に送ることが出来、モスクワの防備を完(まっと)うすることが出来たのである。

ゾルゲ事件に関する本では、こうした評価がいたるところに出てきます。

(2) NHK取材班『国際スパイ　ゾルゲの真実』の見解。

NHK取材班『国際スパイ　ゾルゲの真実』（一九九二年出版）は発刊時点でのゾルゲ事件を取りまとめた代表的な見解です。

日本の対ソ攻撃の可能性がなくなったことを伝えるラムゼイ報告（孫崎注：「ラムゼイ」はゾルゲの暗号名）は、ドイツに対するソビエトの反撃を促すきっかけとなった。

ソビエト軍戦史研究所の前の所長で、現在エリツィン・ロシア大統領の軍事顧問をつとめるドミトリー・ボルコゴノフ氏は、次のように証言している。

「ラムゼイからの情報は、きわめて信憑性が高いと評価されました。その結果スターリンは、日本の攻撃に備えて極東に配備していたソ連軍をドイツとの戦いに投入することができました。**九月中には、二〇個師団を極東からモスクワ周辺へ移動させたのです。**

日本が攻めてこないという確実な情報がなければ、スターリンはこうした決定を下すことはできなかったと思います」

(3)俗説の集大成としての「ウィキペディア」の見解

「ウィキペディア」は、信頼性には疑問がありますが、一般の見解を調べるサイトとしては便利です。試みに、「リヒャルト・ゾルゲ」の、「独ソ戦への貢献」という項目(2017年単行本刊行時)を見てみます。

近衛内閣のブレーンで政権中枢や軍内部に情報網を持つ尾崎は、日本軍の矛先が同盟国のドイツが求める対ソ参戦に向かうのか、イギリス領マラヤやオランダ領東インド、アメリカ領フィリピンなどの南方へ向かうのかを探った。

日本軍部は、独ソ戦開戦に先立つ1941年4月30日に日ソ中立条約が締結されていた上、南方資源確保の意味もあってソ連への侵攻には消極的であった。

1941年9月6日の御前会議でイギリスやオランダ、アメリカが支配する南方へ向かう「帝国国策遂行要領」を決定した。(中略)

この情報を尾崎を介して入手することができたゾルゲは、それを**10月4日**

にソ連本国へ打電した。その結果、ソ連は日本軍の攻撃に対処するためにソ満国境に配備した冬季装備の充実した精鋭部隊をヨーロッパ方面へ移動させ、モスクワ前面の攻防戦でドイツ軍を押し返すことに成功し、イギリスやアメリカによる西部戦線における攻勢にも助けられ最終的に1945年5月に独ソ戦に勝利する。

（4）俗説の集大成としてのウィキペディアの見解（英語版）

ゾルゲは1941年9月14日下記の条件がない限り、日本はソ連を攻撃しないだろうと進言した。

1：モスクワが占領されること
2：関東軍が極東におけるソ連軍の3倍の規模になること
3：シベリアに内乱が発生していること

この情報はソ連軍を極東から移動させることを可能にした。

多くの作家はドイツ軍が最初の戦術的敗北を喫したモスクワ攻防戦でシベリアの軍の参加を可能にしたと憶測している。**その意味でゾルゲ情報は第2**

次大戦で最も重要な軍事情報と言えるかもしれない。

事件の評価の中で、（1）から（4）までに共通しているのは、

❶日本軍はソ連を攻撃しないと決めた
❷ゾルゲがその情報をソ連に知らせた
❸それを受けてソ連は極東軍を西部戦線に送ることができ、ドイツ軍を破ることが出来た
❹だからゾルゲの功績は、きわめて大きい
❺したがってゾルゲ・グループの罪は重く、死刑でも仕方がない

という流れです。それが本当かを調べていきたいと思います。

まず、ドイツのソ連攻撃はどのようなものであったでしょうか

世界の教科書シリーズでのソ連編、ダニロフ著『ロシアの歴史』（二〇一一年、明石書店

刊）は、次のように記しています。

●敵の奇襲攻撃と攻撃威力、数の優位性は、開戦３週間後にはすでにリトアニア、ラトヴィア、ベラルーシ、ウクライナ、モルダヴィア、エストニアの大部分が占領されるほど傑出していた。敵はソ連領内３５０～６００㎞に侵攻していた。赤軍は短期間で１００個師団以上を失った（西部国境付近の全部隊の５分の３）。大砲と迫撃砲２万門以上、軍用機３５００機（そのうち１２００機は開戦初日に飛行場で即時に破壊された）、戦車６０００両、さらに資材・機材を供給していた倉庫の半分以上が壊滅、あるいは強奪された。

●１９４１年9月30日、ドイツ軍はモスクワ総攻撃を開始した。

●モスクワは危機的状況に陥った。戦線はモスクワから80～１００㎞のところまで迫っていた。

●10月半ばまでに敵は首都モスクワのすぐ傍まで迫ってきた。ドイツ軍の双眼鏡でクレムリンの望楼までがはっきりと見渡せた。

別の状況を見てみます。

一九四一年六月二十二日、ドイツはソ連攻撃を開始しました。

九月四日にはレニングラード攻撃が開始されます。

さらに九月十三日に、ドイツ軍はモスクワに向かいます。

十一月には、ドイツ軍第四走行軍団は、モスクワ郊外二五キロ地点にまで攻めてきています。

しばしば、ゾルゲ情報によって、ソ連軍は移動が可能になったといわれますが、日本軍が極東を攻める、攻めないにかかわらず、ソ連軍はモスクワの西部に集結せざるをえない状態です。

首都陥落の危険がある時には、極東防衛どころではありません。何が何でも全軍を投入してでも、モスクワや西部戦線を守らなければならない緊急事態が生じているのです。

ドイツ軍のソ連侵攻は、それくらいの危機であったということを、ゾルゲ情報を評価する前に認識しておく必要があります。

日米戦争への流れを決定付けたのは、南部仏印攻撃を決定した一九四一年七月二日の御前会議です

一九四一年七月二日、御前会議が開催されます。

この日の御前会議で日本が南方進出を決めたことは、日米開戦への大きな要因となりました。

戦争までの流れを見てみます。

❶日本軍の南部仏印侵攻→❷米英蘭の石油全面禁輸→❸ジリ貧になる前に開戦との判断→❹真珠湾攻撃です。

したがって、なぜ南部仏印侵攻を決定したか、が極めて重要になります。

この時期、日本は中国で蔣介石（しょうかいせき）政権と戦っていますが、蔣政権には英米が物資を供与して助けています。特に一九四一年に入って、米国からの武器供与が活発化してきました。ルーズベルト政権はナチと日本軍部を壊滅する必要性を認識し、自国軍の投入に先立ち、ナチと日本軍部と戦う国々への積極的武器供与を展開したのです。

蔣介石政権への武器供与の最大のルートが、フランス領インドシナ経由です。

日中戦争を継続している中で、このルートを排除するのは、日本としては一つの判断だと思います。北部仏印にはすでに前年九月の時点で進駐していましたが、杉山元参謀総長は、南部仏印進駐を決めた七月二日の御前会議で「英米の策謀を封殺するには是非とも必要である」と述べています。

問題は、このルートはまさに米英が関与しているということです。当然米英は反発します。それは米英との戦争の道につながります。

原嘉道枢密院議長は、この御前会議で疑念を挟んでいます。

「武力行使はこと重大なり」

「直接武力行使を、有無を言わせずやって、侵略呼ばわりされる事は良くないと思う」

「はっきり伺いたいのは、日本が仏印に手を出せば、米が参戦するや否やの見通しの問題である」

この質問に対して、松岡外務大臣は「絶対にないとは言えぬ」と答え、杉山参謀総長は、次の回答をしています。

「英米を刺激するは明らかなり」

「米国に対しては独ソ戦争の推移が相当影響する。ソが速かにやられたらスターリン政権は崩壊するであろうし、又米国も参戦するまい」

(以上出典『杉山メモ　参謀本部編』)

こうして日本の運命を決めることになった七月二日の御前会議で採択されたのが、「情勢ノ推移ニ伴フ帝国国策要綱」です。

この国策の要(かなめ)は南方進出と、対ソ戦の準備という二正面への態度です。この決定を受けて、ソビエトに対しては七月七日、いわゆる関東軍特種演習を発動し、演習名目で兵力を動員します。こうして独ソ戦争の推移次第ではソビエトに攻め込むという作戦をとり、一方南方に対しては七月二十八日、南部仏印への進駐が実行されました。

七月二日の「情勢ノ推移ニ伴フ帝国国策要綱」より、南方進出とソ連戦への準備のところの言及を抜粋します。

「第一　方針

2、帝国は依然支那事変処理に邁進し且自存自衛の基礎を確立する為南方進出の歩を進め又情勢に対し北方問題を解決す

第二　要綱

1、蔣政権屈服促進の為更に南方諸地域よりの圧力を強化す情勢の推移に対し適時重慶政権に対する交戦権を行使し且支那に於ける敵性租界を接収す

2、帝国は対英米戦準備を整え先つ「対仏印泰施策要綱」及「南方施策促進に関する件」に拠り仏印及泰に対する諸方策を完遂し以て南方進出の態勢を強化す帝国は本号目的達成の為対英米戦を辞せす

3、独「ソ」戦に対しては三国枢軸の精神を基体とするも**暫く之に介入することなく密かに対「ソ」武力的準備を整え**自主的に対処す此の間固より周密なる用意を以て外交交渉を行う**独「ソ」戦争の推移帝国の為有利に進展せは武力を行使して北方問題を解決し北辺の安定を確保す**

5、万一米国が参戦したる場合には帝国は三国条約に基き行動す但し武力行使の時機及方法は自主的に之を定む」

七月二日頃の状況を見てみます。「情勢ノ推移ニ伴フ帝国国策要綱」では、「独ソ戦争の

推移帝国の為有利に進展せは武力を行使して北方問題を解決し北辺の安定を確保す」と言っているのですから、この時点で、ウィロビー等が言う、「ゾルゲの『日本軍はソ連攻撃の意志なし』との情報に基づき、ソ連はシベリア師団を西部戦線に送ることが出来、モスクワの防備を全うすることが出来たのである」という状況は生じていません。

七月十一日付で「関東軍特種演習」が決定され、大軍がソ連との国境に配備されました

第二次大戦の戦史で最も権威あるのは、防衛研修所の「戦史叢書」です。その中に、『関東軍〈2〉関特演・終戦時の対ソ戦』があります。この当時の模様を見てみます。


独ソ戦の報とともに、陸軍本部は興奮の坩堝(るつぼ)と化した。

まさしく、百家争鳴という景観であった。

陸軍内部の意見のごとき、必ずしも積極論が支配的であったわけでもなく、慎重論者もあり、また積極論者も南北両論があった。

北進論者は「情勢の極めて有利になった時に、初めて武力を行使すべし」

という基本に立っていた。

原嘉通枢密院議長は七月二日の連絡会議の席で強く北進論を表明した。

北方増強は、対ソ攻撃実現の前触れのような印象を与えた。

関特演は、北方に対する動員が七月上旬に発令され、七月十一日付で「関東軍特種演習」との呼称が与えられた。

大本営が六月二五日にまとめた動員等は次のとおりである。

●警戒態勢まで（第一段階）

動員決意　六月二十八日

動員下令　七月五日

集中輸送開始　七月二十日

警戒態勢完了　八月二十四日

●侵攻作戦実施の場合

動員決意　六月二十八日

開戦決意　八月十日

開戦開始　八月二十九日

関特演は、人約五〇万人、軍馬約一五万を増強した動員だった。

七月六日以降、五〇万の兵士が、ソ連との戦争の可能性を持って、増員され、満州に送られています。

八月二十四日までの間、「日本のソ連攻撃がない」という情報は、完全に間違いになります。

ゾルゲ情報で、ソ連は、「極東軍を西部戦線に動かすことが出来た」という状況は、八月中旬まではまず出てきません。

当時のグルー駐日米大使は、著書『滞日十年』で「日本は独ソ戦のなりゆきを見て行動」と判断しています

グルー米国大使は七月二日の御前会議をどのように見ていたでしょうか。グルー著『滞日十年』で見てみます。

一九四一年七月六日

私は今、われわれが七月二日の御前会議によって系統立てられた、日本政

府の立場と政策の評価が正当化されるだけの十分な証拠を持っていると感じる。

（中略）

私は独ソ戦を念頭におく時、以下の三要素を考慮することなくして、日本の政策を系統立てることは不可能だと信じる——

（一）日本における意見一致の欠如

（二）（略）出来うるかぎり欧州戦争にまきこまれる危険を限定しようとする願望

（三）ドイツの善意信頼の減少。

東京にいる外国人の観察者は、御前会議で沿海州を攻撃する前に、日本は柵に腰をかけて独ソ戦のなりゆきを見る一方、南進を推し進めることに決定したといっている。（中略）

御前会議が採用したと伝えられる「重大決定」は、ソ連の崩壊を望んで注意深く待つ政策に従う決意でもありうる。

グルー大使は七月二日の御前会議で、「日本政府の立場と政策の評価が正当化できるだけの十分な証拠を持っている」と述べています。

かつ、「東京にいる外国人の観察者は、御前会議で沿海州を攻撃する前に、日本は柵に腰をかけて独ソ戦のなりゆきを見る一方、南進を推し進めることに決定したといってい る」としているのは、ゾルゲ→ヴケリッチ→ギラン→ドーマンの情報を言っているとみられます。

グルー駐日米国大使の見立ては、日本は「独ソ戦のなりゆきを見ている」としています。

七月三十一日、
ルーズベルトの個人特使ホプキンズはスターリン等に会い、
日本軍がソ連極東を攻撃する可能性を指摘しています

一九四一年六月二十二日、ドイツ軍がソ連を攻撃することにより、新たな情勢変化が出ました。米国がソ連支援の強化を始めました。

この時期、ソ連と密接に協議を重ねたのが、ルーズベルトの側近、ホプキンズです。

ルーズベルトの最大政策は、大恐慌後のニューディール政策でしたが、ホプキンズは公共事業促進局長官として失業者対策に取り組みました。一九三八年から一九四〇年まで商務長官を務めますが、大戦中は、ルーズベルトの個人特使として活躍します。ルーズベルトはホプキンズにホワイトハウスに住み込むように依頼し、一時期ホプキンズはこれを実施します。これ一つとってみても、ルーズベルトがホプキンズをどれほど頼りにしていたかがわかります。

ホプキンズは一九四一年七月末モスクワに飛び、スターリンやモロトフ外相と協議し、特にドイツ軍と戦うソ連がどのような武器を緊急に必要としているかを問うています。七月三十一日、ホプキンズはクレムリンでモロトフと会います。

その会談に同席したスタインハート駐ソ・米国大使の国務省宛て電報の内容が、ロバート・シャーウッド著『ルーズヴェルトとホプキンズ』（ピューリッツァー賞　伝記部門受賞、一九五七年、みすず書房刊）に記載されています。

本日私はハリー・ホプキンズとモロトフとの会見に同席いたしました。

そのさいホプキンズは、（中略）日本政府はソヴェト西部戦線において目下進行中の大戦闘の結果を待ちうけているところだと信じるに足る理由を、自分は持っていると述べ、また、もしこの戦闘の結果が万一ソヴェト連邦にとって不利な場合には、日本はソヴェト連邦に対する行動を起すかもしれない、と述べました。

ホプキンズ（自身）の（ルーズベルト大統領への）報告書も、同書に引用されています。

日本政府が追求せんと意図している政策に関して、ソヴェト政府は決して明らかに知ってはいない以上、ソヴェト政府は最上の注意を払いつつ情勢を見守りつつあると、モロトフ氏は述べました。（中略）すなわち、それ（孫崎注：日本のソ連攻撃）は氏にとってはごく重要な憂慮なのであり、また、も（モロトフ）氏は私にこういう印象を与えました。し好適な時期がくれば日本は躊躇することなく攻撃をかけるだろうと氏は感じているのだ、という印象です。

このホプキンズ・ルーズベルト特使と、モロトフ外相の会談は、日本のソ連攻撃の可能性について、米ソがどのように認識しているかを知る上で、極めて重要です。

まず、ソ連は日本の動向について、完全に読み切っている状況ではありません。

それは当然のことで、七月二日の御前会議では、❶南進はする、❷北進（ソ連への攻撃）は（独ソ戦の）模様眺め、を決定していますし、関東軍大演習を行なっています。

したがって七月末から八月初めの段階では、「ゾルゲの『日本軍の北進はない』という状況で極東ソ連軍は移動出来た」という状況は、出ていないということです。

他方、ルーズベルトの特使、ホプキンズは、「日本政府はソヴェト西部戦線において、目下進行中の戦闘の結果を待ち受けているところだ、もしソヴェト連邦にとって不利な場合には、日本はソヴェト連邦に対する行動を起こすかもしれないと信ずるに足る理由を自分は持っている」と言っています。

このホプキンズの「自分は自己の判断を信ずるに足る十分な理由を持っている」という発言と、グルー大使の「（自分の）政策の評価が正当化できるだけの十分な証拠を持っている」とは一致しています。

そして、グルー大使が結論を出す根拠として、「東京にいる外国人観察者」を列挙しています。これはゾルゲ・グループを指しています。

つまり、**ゾルゲは米国に信用されたが、他方、「日本政府が追求せんとしている政策に関して、ソヴェト政府は明らかに知ってはいない」という印象をモロトフ外相がホプキンズに与えていますから、ソ連の側の、ゾルゲ報告への信頼性は高くないという皮肉な結果**

第二次大戦で連合国側が勝利した大きい理由は、❶米国の参戦、❷ソ連がドイツ軍を破ったことの二つが挙げられます。

ソ連がドイツ軍を破った背景には、米国がソ連に対して必要な軍事物資を提供したことにあります。ドイツとしても、戦争を始めた時に、米国が大量の兵器をソ連に提供する事態を想定していません。そしてスターリンなどと協議をし、兵器提供に大きく貢献したのがホプキンズです。

しかし、戦争が終わるとどうなるでしょうか。

すでに私たちは、「ドイツ降伏後の一九四五年七月、第二次世界大戦の戦後処理を決定するため、ドイツのポツダムで米英ソ首脳間の協議が行なわれますが、ポーランド問題、賠償問題、旧枢軸国に成立した各政府の扱いをめぐって、激しい対立が生じます」という状況を見てきました(170ページ)。

第二次大戦の終わりから、米英の敵はソ連という図式になってきます。第二次大戦中は米英の最大の敵ナチ・ドイツと戦うソ連を助けるため、協力を促進したことでホプキンズは高い評価を得ますが、第二次大戦が終わり、新たな敵がソ連になると、ホプキンズの評価は一転します。

「ソ連と協力した人間」「ソ連のスパイ」とホプキンズは攻撃を受けることになります。アメリカの最高機密であった原爆情報をスターリンに届けていたと批判する人物も出てきます。

この問題は、今日でもかなりの関心を呼んでおり、ブログで検索しても「ホプキンズはソ連スパイ細胞をもてなす（Harry Hopkins Hosted Soviet Spy Cell）」が出てきます。ここには、「ホプキンズがソ連のスパイではなかったかという論証の主導的なものはハーバート・ロマースタイン（Herbert Romerstein）、エリック・ブレインドル著『ヴェノナのヒミツ　ソ連スパイと米国の裏切り者の暴露（The Venona Secrets: Exposing Soviet Espionage and America's Traitor.）』である」と記述しています。

ホプキンズは一九四六年一月二十九日、ニューヨーク市で胃癌のため死去しました。検死ではヘモクロマトーシス（体内での鉄分の異常蓄積）とされました。

ゾルゲ自身が吉河光貞検事にどう説明しているかを見てみます

ゾルゲは一九四二年三月十七日、吉河光貞検事の訊問で次のように述べています（『現代史資料1』)。

●御前会議前に於ける尾崎の時局観測は、近衛首相と其の周囲の軍人以外の閣僚達は、ソ連との戦争を欲して居ない、又海軍部内でも此の戦争を望んで居ない。唯、**陸軍部内には、此の戦争に参加しようとする強い傾向が看取されるが、其の大勢は形勢観望に傾いて居り、**文官閣僚中独り松岡外相丈(だけ)が自ら締結した日ソ中立条約を破棄しても良いと考えて居る唯一の人物である。

●然し六月二十三日の陸海軍首脳会議に就て、其の後一週間位経ってから宮城(みやぎ)**より、（中略）軍としては、南方即ち仏印に対する作戦と、北方即ちソ連に対する作戦とを同時に遂行すると云ふ、所謂南北統一作戦なるものを決定したとのことでありました。然し、私は此の情報をば直(すぐ)に信用せず、之をモスコウ中央部には通報せず尾崎の報告を俟(ま)って居りました。**

●七月二日の御前会議の内容に就ては、夫れから五、六月(ママ)位経った後尾崎が私宅に来て口頭で私に報告して呉れましたが、其の情報出所は近衛公側近のグループからではなかったかと思ひます。

●七月以降に行はれた日本の大動員は、北方即ち満州に対する動員と、南方即ち仏印に対する進駐として現はれましたが、然かも、ソ連に対しては当面満州に動員を実施して、凡ゆる事態に即応し得る様に準備するが、それは飽迄準備以上に進まず、直に積極的行動には出ないと云ふ態度を採ると云ふことになる訳でありました。

●斯様な訳で此の御前会議の内容に関する尾崎の報告は、日本の南方進出と云ふ点に主たる重点を置き、**対ソ戦争参加と云ふ点に就ては、待機観望的なもの**として居り、私も此の情報を正確だと信じ、**之をモスコウ中央部にラジオで速報した次第**であります。

●一九四一年七月下旬開始された日本軍の大動員に就て、私が最も関心を懐いたことは、独逸側の次の様な意見が果して正当であるか否かと云ふことでありました。即ち其の意見とは、既に日本軍の動員が開始された以上は、此の儘停止する筈はない、夫れは必ずやソ連に向って進んで行くものであると云ふものでありまして……

●**此の動員は相当広汎な大動員であるとのことであり、**（中略）**凡そ八月十五日には完了する予定であり、その総数は約百三十万に達し、第一回は約**

四十万、第二回は約五十万、第三回は約四十万であったと思います。尾崎が信じたところによりますと、此の大動員は日本の軍部単独の決意に因るもので、近衛首相も之を見て頗る驚かれたとのことでありました。

●私及尾崎やモスコウ中央部では、日本の軍部が斯様な大規模な動員を単独で決行し、後から之を既成事実として政府に承認させるのではなかろうか、そして或は斯様な大動員から対ソ戦が決行されるのではなかろうかと、一時は非常な不安に捉はれたのであります。

●約十五箇師団三十万の兵が満州に派遣され大部分の兵力は、支那大陸と南方即ち仏印方面に派遣されることが判明致しましたので、私達は是で幾何か安堵することが出来たのであります。（中略）後此の動員は、（中略）次第に緩慢になり、（中略）私達は益々安心する様になったのであります。

●更に尾崎は私に対して、八月二十日から同月二十三日迄の間に亘って行はれた、日本軍首脳部と、関東軍代表将校との会議では、遂に本年中はソ連に対して戦争をせぬと云ふことが決定されたのであります。

●其の後同年九月尾崎が、満州に旅行することになり（中略）帰還し、（中略）今年中には愈々対ソ戦はないと云ふことが判明したと云ふことでありました。

●以上申し上げたものが尾崎が私に報告して呉れた情報の大要でありますが、私が之等の情報を逐次ラジオに依って、モスコウ中央部に速報したことは申す迄もないことであります。

様々なことが述べられていますが、❶ゾルゲやモスクワ中央部には〝大動員によって対ソ戦が決行されるのでないか〟という不安があり、一時は非常な不安に捉われた、❷この不安が薄らいできたのがまず八月十五日頃である、❸ついで八月二十日から二十三日の軍の会議で本年中に対ソ攻撃はないと決定したとの情報に接してやや安心した、❹対ソ戦がないと確信するのは九月に尾崎が満州訪問して以降、ということになります。

ゾルゲの取り調べ主任であった大橋秀雄が著書『真相ゾルゲ事件』で述べていることを見てみます

日本国内でゾルゲ事件を最も詳細に知っている人物は、大橋秀雄だったでしょう。幸い、大橋は『真相ゾルゲ事件』を残していますが、この本が十数社の出版社と交渉して断われ、自費出版で出されたことは先にも記したとおりです。したがって、ゾルゲ事件の参考文献にも、なかなか掲載されていませんが、ここに、一九四一年七月二日以降、ゾルゲたちが掌握した内容が詳しく説明されています。

昭和十六年七月二日御前会議で日本帝国の重要国策が決定されたというので、ゾルゲと尾崎はその内容を知るため狂奔した。

ゾルゲはオット大使及クレチュマー陸軍武官から次の情報を得た。

「日本政府は南進政策を強行するが機会があり次第ソ連邦に宣戦をすべく準備中である」

尾崎からは次の情報が報告された。

「（中略）ソ連邦に対しては日ソ中立条約を守るが、**起り得べき対ソ戦の可能性に対しては準備をととのえて、そのために大動員を行う」**

ゾルゲは日本の南進政策の決定をモスコー本部に報告した。（中略）

ゾルゲは独乙大使館等からの情報として、日本が対ソ不参戦に傾いてゆくのを次のように逐次モスコー本部に報告した。

●六月下旬には松岡外相は（中略）近く独乙側に立って対ソ参戦すると言明

した。**クレチュマー陸軍武官は日本は一―二ヶ月後に対ソ参戦すると約束した。**

●ベネカー海軍武官は日本海軍は対ソ参戦の意志がない。

●七月中旬、独乙は日本の参戦を希望しているが、独乙の対ソ進撃が満足すべき状態ならば日本は参戦する。（中略）

●八月初旬、クレチュマー陸軍武官は日本の対ソ参戦誘導工作のため満洲に旅行する。

●八月下旬、豊田外相はオット大使に対して日本はソ連邦に中立条約を厳守する保障を与えていると言明した。

●八月下旬、ベネカー海軍武官は、日本海軍及政府は今年中は対ソ戦をしないことに八月二十二日より二十五日迄に公式決定するが、若しもソ連邦に予想外の崩壊がおこれば之は変更されるであろう。

●**九月初旬、尾崎が近衛側近より得たるところによれば、本年中は対ソ戦を開始しないことに決定した。しかし、事態の推移により変更の可能性がある。**（中略）

●九月初旬、独乙外相は日本が対ソ開戦しないとのオット大使からの通報をうけて落胆している。

●九月中旬、独乙大使館から、日本の対ソ攻撃の可能性は冬の終るまで去った。若し攻撃が開始されるとすれば、ソ連邦が大部分の兵をシベリヤより撤兵し内政上の問題が起こるときである。

明確なのは、ゾルゲは「日本がソ連攻撃をしない」ということを、八月二十二日より二十五日まで確たる根拠を持っていないということです。かつほとんどが、情報源はドイツ大使館です。

ゾルゲたちが、「八月下旬になるまで、日本がソ連を攻撃しない」という確実な情報、判断を持っていなかったということに、留意してください。

八月十八日の段階で、

ジューコフ元帥はスターリンに

極東軍の西部方面への移動を進言しています

ここで我々は、ソ連内で、どのような過程を経て、極東軍を西部戦線に移転させたかを見てみます。

つまり、ゾルゲの報告がどの程度影響を与えたかです。

それを見極めるのに重要な人物は、ジューコフです。

ジューコフは一九四一年一月赤軍の参謀総長に任命され、一九四一年六月、ナチス・ドイツが独ソ不可侵条約を破ってソ連への侵攻を開始すると、レニングラード軍管区に司令官として派遣され、同都市防衛の任務に就きました。一九四一年十月にはモスクワにドイツ軍が接近しつつあったため、ジューコフはモスクワ防衛の指揮官にセミョーン・チモシェンコを任命するとともに、極東から冬季戦の訓練を受けた部隊を続々と鉄道輸送させました。では、この移動をいつ決定したのでしょうか。

ジューコフ著『ジューコフ元帥回想録』は、次のように記述しています。

◎**ゲオルギー・コンスタンチノヴィチ・ジューコフ**（一八九六〜一九七四）
ソビエト連邦の軍人、政治家。ソ連邦元帥まで昇進。第二次世界大戦では、極東軍の西方移動をゾルゲ情報の前に進言、ドイツ軍への反撃を指揮し、ソ連を勝利へと導いた。ソ連地上軍総司令官、ドイツ占領ソ連軍総司令官、赤軍参謀総長などを歴任。

八月一八日に私はスターリンに次のような電報を送った。

「（略）敵（孫崎注：ドイツ軍）の企図を失敗させるためには、できるだけすみやかにグルホフ、チェルニゴフ、コノトプ地域に大部隊を配置し、攻撃してくる敵に側面から打撃を与える必要があると思う。このために必要な兵力は、歩兵師団一一－一二、騎兵師団二－三、戦車一〇〇〇台以上、軍用機四〇〇－五〇〇機である。これらの兵力は、極東方面軍、（略）各軍管区から集めることができよう」

（中略）

翌八月一九日、私は最高司令部から次の返電を受取った。

「チェルニゴフ、コトノプ（略）地域に敵が進出するおそれがあるとの貴下の想定は正しい。（略）このような事態を避けるため（略）ブリヤンスク方面軍を編成した。他の諸措置については追って知らせる」

これによると、ジューコフ元帥（参謀総長）が、八月十八日の段階で、極東軍の大規模移動をスターリンに進言していることがわかります。これはゾルゲがソ連に打電したとされる九月十四日のずっと前です。

「ゾルゲが日本のソ連攻撃はないことを伝え、それによってソ連は極東におけるソ連軍を西に回すことができ、その結果ソ連はドイツの攻撃を防ぐことが出来た」という説に根拠がないことが、ここからもわかります。

スターリン自身も七月三十一日の段階で、日本の極東への攻撃有無にかかわらず、西部戦線の緊迫から極東ソ連軍をこの方面に回すことを考えています

私たちはすでに、ルーズベルト大統領特使のホプキンズが、一九四一年七月三十一日、スターリンと会談しているのを見ました（289ページ）。

ここでホプキンズは、スターリンがドイツとの戦況をどのように見ているかを聞いています。ロバート・シャーウッド著『ルーズヴェルトとホプキンズ』からホプキンズの報告を見てみます。

（スターリン）氏の意見では、ドイツ陸軍は戦争勃発時はロシアの西部戦線に一七五師団を有していたが、戦争勃発後に、それは二三二師団に増大したようだ、と氏は述べました。氏は、ドイツは三〇〇師団の動員が可能だと思う、と言いました。

ロシアは戦争勃発時には一八〇師団を有していたが、それらの多くは戦線のはるか後方にいて、迅速に動員することができなかった、（中略）戦線に出ているロシア軍師団数は二四〇あり、ほかに予備が二〇師団あります。（中略）スターリン氏は、三五〇師団動員しうる（中略）と述べました。

当然ですが、西部戦線に進出したドイツ軍はモスクワ攻撃をうかがっています。モスクワが陥落すればソ連は一気に危機に瀕します。この中で、極東ソ連軍は日本の動向と関係なく西部戦線に移動しなければならない状況です。スターリンが、まさにそういう発想でいました。

極東情勢がどうあろうと、ゾルゲが如何なる報告をしようと、ソ連はドイツのモスクワ攻撃に直面し、全軍を集結してその防衛に当たらなければならないことを、参謀総長のジューコフも、スターリンも認識しているということです。彼らの判断にはゾルゲ情報は全く影響を与えていません。

ゾルゲはどのように報告していたか。

まずゾルゲ事件の報告書

「内務省警保局保安課の『ゾルゲを中心とせる国際諜報団事件』」を見てみます

（1）「ゾルゲを中心とせる国際諜報団事件」における「六、機密部員の地位と其の活動」から、クラウゼンの項を見てみます（『現代史資料1』）。

●六月下旬乃至七月上旬打電〔軍事上の秘密事項〕日本は独逸の如く**宣戦布告をなすこと無くソ連を攻撃せん**、時期は八月下旬頃迄を最高潮とす……

●自六月至十月打電〔国家機密事項〕（前略）西部に於けるソ連軍が完全に潰滅せられ且**日本軍がソ連極東軍の二倍の勢力に達したる場合はソ連攻撃の計画を有す**

●八月頃打電〔国家機密事項〕「日本は当分独ソ戦には介入せざるも**若しソ連にして大敗を喫すれば対ソ戦を断行す**、之が為には予め関東軍の兵力を増強して万一の場合に於ける充分の準備をなす……

●八月打電〔軍事上の秘密事項〕（前略）マルタの見解に依れば若し対ソ攻撃をなすとせば**日本は増強軍の大部を派遣し居る浦塩（ウラジオストック）附近の国境に第一攻撃を開始せん。**

●十月上旬打電（軍事上の秘密事項）（前略）「本年は対ソ戦なし……」

次に同じ資料から、ゾルゲが入手した情報を見てみます。

●（六月二十二日以降の時点で）クレチュマー陸軍武官より「日本軍部は一、二カ月後に（ソ連攻撃に）参戦する」との情報

●オット大使より「松岡外相はオットに対し、日本はドイツ側に立ち、近く対ソ攻撃を開始すると言明した」との情報

●七月初旬、御前会議決定事項としてオット大使及クレチュマー陸軍武官より「日本は南進政策を強行するが**機会あり次第ソ連に対し宣戦する為に準備する**」との情報

●七月中にオット大使及びクレチュマー陸軍武官、その他より「日本軍部は、ドイツがモスコー、レニングラードを陥れ、ヴォルガ河まで達した時には参戦しようと言っている」との情報

（2）NHK取材班『国際スパイ　ゾルゲの真実』より

●赤軍参謀本部長宛　無線にて
発信　東京より　1941年7月11日13：55

受信　第九部　１９４１年7月11日16：30

「インベスト（孫崎注：尾崎の暗号名）筋によると、御前会議において（中略）赤軍が敗退した場合には、**対ソビエト行動を準備**することも決定された」

●赤軍参謀本部長宛　無線にて

発信　東京より　１９４１年**9月14日**

「**オット大使の意見によると、日本の対ソビエト攻撃は、今ではもはや問題外であり、**日本が攻撃可能なのは、ソビエトが極東から軍隊を大規模に移動させた場合にだけだろう」

（3）『現代史資料3　ゾルゲ事件3』は、西園寺公一氏の訊問調書（一九四二年六月六日）を掲載しています。

●其の会話は、私が先づ軍の代表が集つて話をしたそうだが結果はどうかと聞きましたのに対して、藤井中佐（孫崎注：藤井茂。当時海軍省軍務局二課）は官邸の廊下だと思ひますが、手を振りながら、単に「大丈夫だ心配ない」と答へました様に記憶して居ります。

●前述の藤井中佐と御前会議の一週間か十日位後かと思ひますが、水交社か海軍省かの何れかで会ひました時、（中略）単にどんな様に決つたのかね、と云ふ様な漠然とした聞き方を致した様に思ひますが、それに対して同中佐は矢張り簡単に「大体うまく行つたよ」と答へました……。

●多分八月半過ぎ（中略）私は或日尾崎と打合せて中食を共にする為満鉄ビルの「アジア」に参りまして食事中（中略）私が「其の会議で決つたらしいね」と申しますと、尾崎は「ふん〳〵さうらしいね」と云ひましたので、私は重ねて「やらない方にね」と申しますと、彼も「さうらしいね」と申しました……。

（4）西園寺公一氏はどのような情報を提供したか、8月末「北の方はやらないようになった」

ゾルゲ、尾崎は、自らが極秘情報を入手できる立場にはありません。

ゾルゲはもっぱら、ドイツ大使館からの情報に頼っています。

他方、尾崎が頼みとするのは西園寺公一です。祖父は西園寺公望。近衛文麿の側近として内閣総理大臣秘書官を務めた牛場友彦に近く、一九三七年に近衛文麿内閣が成立すると、近衛のブレーン「朝食会」の一員として軍部の台頭に反対し、対英米和平外交を軸に政治活動を展開した人物です。

彼の著書、西園寺公一回顧録『過ぎ去りし、昭和』（一九九一年、アイペックプレス刊）から、彼と尾崎秀実とのやり取りの場面を見てみます。

藤井中佐から（北進を）「中止」したことを聞いたのは八月下旬で、場所は首相官邸だ。定例の昼食会の前に、二人きりになったときだった。「北のほうはどうなった」というと、「決まったよ」といい、後は「やらん、やらん」という調子だった。このことは、この日の昼食会でも出たと思う。

この二、三日後に満鉄のなかにある「アジア」というレストランで、尾崎と食事をした際、この話が出た。彼は既に、軍の首脳会議があったことは知っていて、「決まったらしいね」というので「やらないほうにね」というと、今度は「そうらしいね」と答えた、会話はこれでおしまいだよ。

通説である「ゾルゲの『日本軍はソ連攻撃の意志なし』との情報に基き、ソ連はシベリア師団を西部戦線に送ることが出来、モスクワの防備を全うすることが出来た」は事実ではありません。そうだとするとゾルゲ事件の意義は一気に変わります。

たぶん、読者がうんざりするほど、「ゾルゲの『日本軍はソ連攻撃の意志なし』との情報に基き、ソ連はシベリア師団を西部戦線に送ることが出来、モスクワの防備を全うすることが出来た」という通説についての検証を行なってきました。それは、「ゾルゲ事件」の評価の核心だからです。

「ゾルゲ事件」の評価を固めたのは、ウィロビー元GHQ参謀第二部長著『赤色スパイ団の全貌―ゾルゲ事件』です。

そこでウィロビーは、次の記述をしました。

一九四一年六月以降のゾルゲ・スパイ団の主要目標は、日本のソ連攻撃計画に関する情報蒐集であつた。当時、ソ連はドイツ軍の西部ロシア侵攻をうけて、ソ連陸軍は大打撃を蒙つていた。依つて、シベリア方面の駐屯軍を西部戦線に補充する必要を生じたが、日ソ関係も微妙な状態にあつたので、赤軍はシベリアの防備をゆるがせには出来なかつたのである。

ソ連は西部にドイツ軍の侵入をうけ、東部に日本軍の脅威を感じ、全くの窮地に陥ち入つていたので、日本のソ連攻撃の意志の有無を確聞したかつたのである。

ここに於て、ゾルゲの『日本軍はソ連攻撃の意志なし』との情報に基き、ソ連はシベリア師団を西部戦線に送ることが出来、モスクワの防備を完うすることが出来たのである。


つまり、ウィロビーは、「ゾルゲ情報はソ連の運命を決める情報だった」という位置づけです。

そしてそれは、その後ゾルゲ事件の評価で貫かれてきました。

NHK取材班『国際スパイ　ゾルゲの真実』は、ソビエト軍戦史研究所の元所長で、エリツィン大統領の軍事顧問をつとめるボルコゴノフ氏の「ラムゼイ（孫崎注：ゾルゲの暗号名）からの情報は、きわめて信憑性が高いと評価されました。その結果スターリンは、日本の攻撃に備えて極東に配備していたソ連軍をドイツとの戦いに投入することができました。九月中には、二〇個師団を極東からモスクワ周辺へ移動させたのです。日本が攻めてこないという確実な情報がなければ、スターリンはこうした決定を下すことはできなかったと思います」という談話を記載しています。

さらに俗説の集大成ともいうべき「ウィキペディア」は「1941年9月6日の御前会議でイギリスやオランダ、アメリカが支配する南方へ向かう『帝国国策遂行要領』を決定した。（中略）この情報を、尾崎を介して入手することができたゾルゲは、それを10月4日にソ連本国へ打電した。その結果、ソ連は日本軍の攻撃に対処するためにソ満国境に配備した冬季装備の充実した精鋭部隊をヨーロッパ方面へ移動させ、モスクワ前面の攻防戦でドイツ軍を押し返すことに成功し、イギリスやアメリカによる西部戦線における攻勢にも助けられ最終的に1945年5月に独ソ戦に勝利する」と書いています（2017年単行本刊行時）。

つまり、「ゾルゲ事件」は

❶ゾルゲ情報によってソ連極東軍は西部戦線に移動出来て、ソ連を救った
❷それくらい重大な情報を送ったゾルゲ・グループの罪は重い
❸これに連座した人々は死刑などの極刑に値する

という評価になります。

しかし、❶が否定されれば、ゾルゲ・グループのスパイとしての成果はなく、それにより彼らが死刑などになった正当性は失われるということになります。

事実関係が錯綜しますが、ここまでの流れを、時系列で並べてみたいと思います。

日本政府とソ連の動き〔ゾルゲの報告等〕

七月一日　独外相日本の対ソ戦参戦要請

七月二日　御前会議、独ソ戦不介入決定

同時に、独ソ戦が独の有利に展開すれば武力行使とも

七月七日　関東軍特種大演習

〔ゾルゲ及びモスクワ中央は日本軍が独走し、対ソ戦をする事を懸念〕

七月下旬〜八月十五日（予定）大動員（ソ連攻撃の計画を有す）

七月三十一日　スターリン、西部方面への大規模増派検討

八月九日　参謀本部年内対ソ武力解決なしを決定

八月十八日　ジューコフ元帥はスターリンに極東軍の西部方面移動を進言

八月二十日〜二十三日　軍と関東軍との会合でソ連攻撃を実施しない決定

八月二十二日　独海武官「日本の対ソ参戦なし」と本国に報告
〔八月二十五日　尾崎、西園寺と会い、対ソ攻撃なしとの方針を聞く〕
〔八月末　　　ゾルゲに日ソ戦なしの結論〕
〔九月十四日　ゾルゲ、「日本の対ソ攻撃はもはや問題外」と報告〕

整理してみましょう。

❶七月二日、御前会議で、「独ソ戦有利に展開すれば武力行使」と決めていますので、ゾルゲたちは、とても「日本軍のソ連攻撃なし」と報告できません。

❷七月七日から八月十五日頃まで関東軍は大量の動員を行ない、特種大演習をし、ソ連を攻撃できる用意を進めていますから、この期間、とても「日本軍のソ連攻撃なし」とは報告できません。ゾルゲの報告電報を見ますと、日本軍のソ連攻撃を警告するものが多くあります。

❸当面、対ソ攻撃しない方針は八月二十日から二十三日の、陸軍と関東軍の話し合いによって決定しています。このニュースを尾崎が聞いたのは二十五日、尾崎がゾルゲに述べたのは数日後です。

❹ゾルゲが確信をもって「日本の対ソ攻撃なし」と報告したのは、九月十四日です。

❺他方、ジューコフ元帥は八月十八日、スターリンに極東軍の西部方面移動を進言し、この進言は受け入れられています。ゾルゲが「日本の対ソ攻撃なし」と報告した一カ月も前のことです。

❻スターリン自身、七月三十一日、米国大統領の特別代表ホプキンズに、西部方面への大規模増派を検討していることを述べています。

これらの検証から何が言えるでしょうか。

つまり**「ゾルゲの『日本軍はソ連攻撃の意志なし』との情報に基き、ソ連はシベリア師団を西部戦線に送ることが出来、モスクワの防備を全うすることが出来たのである」は事実ではないということです。**

極東ソ連軍は、実際どの時期に西部戦線に移動を行なったのでしょうか

この極めて肝心な部分の記述は、あまり見当たりません。全体像が今一つ明確でないのですが、次の記述があります。『ゾルゲ事件関係外国語文献翻訳集6』は「『ゾルゲ誤報者

説』の狙いと論拠について」（ロシア語月刊誌「今日の日本」2004年11月号に初出）と題するユーリー・ゲオルギエフの論文を掲載しています。

公開された資料によれば、極東から最初の師団が西部に移動したのは7月であり、その人数は全部で12個師団（1941年10月、11月）であった。

ザ・バイカル地方から、西部への移動は1941年5月に6個師団、9月、10月に5個師団であった。極東から至急5個師団を移動せよとの、ソ連軍最高司令部の指令（1941年10月12日付、極東軍管区指揮官宛て）があったことも、明らかになっている。（孫崎注：「極東配備の40個師団のうち、20個師団が西部に送られうち16個師団がモスクワに向かった」）

NHK取材班『国際スパイ　ゾルゲの真実』では、ソビエト軍戦史研究所元所長が「九月中には、二〇個師団を極東からモスクワ周辺へ移動させた」と指摘しているのをすでに見てきました（274ページ）。

ゾルゲ・グループに近い仏記者ロベール・ギランは、
極めて重要な情報をフランス大使と米国参事官に提供しています

ロベール・ギランはゾルゲ・グループに最も近い人物でした。七月二日の御前会議の時のゾルゲ・グループの動きを、同人の著書『ゾルゲの時代』で見てみたいと思います（傍点ギラン）。

●ヨーロッパではヒトラーがソ連を攻撃している。日本もアジア側からソ連を攻撃するだろうか。（中略）わたしたち記者にとっての最大の関心は、政府がどんな対応を考えているかであり、この点について早急に情報を得るために、あらゆる手立てをつくさなければならなかった。来日して三年間に、これほど重大な問題に出会ったことはなかった。

●ドイツが同盟国日本を戦争に引き入れようとやっきになっているのは、ソ連進攻の直後から明白な事実であった。

●ドイツ側の焦燥は頂点にたっして、ときに媚び、ときに怒る彼らの宣伝活動はますます激しく、日本が〝バスに乗り遅れるかもしれない〟と陰に陽にあおっていた。

●やっと何かが動きはじめた。(中略)御前会議が開かれるというのだ。この情報は、七月二日の朝、支局に出社したときに同盟通信から受け取った。(中略)対ソ開戦か否かの最終決定をくだすであろうことは、ほぼ間違いなかった。

●当然ながら、声明が発表される可能性はなかったし、事実、その日にも、そしてその後も何の発表もなかった。

●七月二日の御前会議での決定について知っている者の数はさらに少く、情報が少しずつ洩れはじめるまでには長い時間がかかった。米国大使のように大規模な情報収集網を持っている人達でさえその例外ではなかった。

●ゾルゲとその日本人情報提供者、尾崎と宮城については、これまで出版された著書は、どれも彼らが会議についての完全な情報を得るのに五、六日かかったとしている。ところがこの点に関して、わたしはまったく異る証言をすることができるのだ。ゾルゲはこの極秘の会議の直後に情報を得ていたと断言できる。実際、会議の決定の要旨がわたしに届いたのはその日のうちのことであった。それはいつものようにゾルゲからヴケリッチ経由でわたしの手元にきたのだった。そして、その晩、フランス大使はわたしからその決定について聞いたのである。

- 午前中に御前会議が開かれたその日の夕方、わたしは運よく偶然に大使の夕食会に招かれていた。（中略）客は米国公使のユージーン・ドーマン、大使の甥のシャルル・レスカ、それにわたしであった。
- 食事はあっさりと上品な味だったが、話のほうは特に何も出なかった。
- 優しい大使夫人は、東京でのフランス音楽の演奏会のことや、わたしも仲間に入っていた東京近郊の山歩き――特に高尾山――の話などをして、緊迫する世界状勢とはまったく縁がないかのようであった。

食事が終り、席をサロンに移した。わたしはもう我慢できなくなり、食堂を出るとき大使を呼び止めて、小声でいった。「失礼ですが、折角御招待いただきながら、やはり記者としての勤めは果さなければならないと思いまして。今朝の御前会議につきまして大変、重要と思われる情報がございますので、ぜひとも今日中にお耳に入れておきたいのですが」。

アルセーヌ・アンリ大使は驚いたようすだったが、うなずくと、サロンの片隅で立ったまま、わたしの話を聞きはじめた。（中略）

「今朝、天皇の御前で決定された事柄について、かなりはっきりした要旨を申し上げられるはずです。第一点、これが会議の中心課題ですが、日本はヒトラーに協力して対ソ開戦に踏み切るかどうか。大使、答えはノーです。当分、日本は動きません。ヒトラーは必死になって叫びましたが、日本は北の攻撃はしません。すでにこの点についての重大な決定が下されているのです。

日本にとって、日ソ中立条約は完全に有効です。（孫崎注：一九四一年四月十三日、モスクワでソ連側モロトフ外務人民委員、日本側は建川美次駐ソ大使と松岡洋右外務大臣が署名）。これが第二点です。この点について近衛内閣は直ちにモスクワに対して再確認するはずで、おそらくすでにその手配が終っているかもしれません」。

話し進むうちに、わたしは大使が次第に眉を寄せ、疑わしそうにわたしを見つめはじめたのに気付いた。わたしの話をさえぎって、大使はやわらかい調子に皮肉をこめながらいった。「ギラン、会議は何時にあったのかね」。「今朝の十時でございますが」。「それで、君が、その……その巷の噂を聞いたのは何時かね」。巷の噂という言葉にわたしは逆上した。おそらく相当に無礼ないい方をしたと思う。「時間とおっしゃるのでしたら、大体、午後の四時頃でしたが……。しかし大使、（中略）お伝えした情報はほとんどすべて事実によって証明されたことも御存知のはずです。しかし、大使のサロンで店開きをするべきではありませんでした。どうも失礼を致しました」（中略）

わたしがいわなかったことがある。それは、どうやってこのニュースがわたしの耳に入ったかであった。

ヴケリッチとわたしはその朝、天皇のところで会議があるということで当然予測される状況の急展開に、すっかり興奮して、支局の事務所にいた。わたしはヴケリッチにいった。「ヴキ、こんなときこそ、X氏に会ってもらわなきゃ。いってちょっと、X氏に聞いてきてくれないか」。

ヴキが手に入れてくる情報の迅速さと重要性がこれほどのものだとは、彼を送り出すときのわたしは考えてもいなかった。それは〝巷の噂〟どころではなかったのだ。午後四時頃、ヴケリッチはケタはずれの獲物を手に入れて帰ってきた……。（中略）ゾルゲが裁判進行中に、判事と検事宛に書いた告白がある。その告白には次のように書かれている。

「モスクワがわたしに与えた使命は、まず第一に最大の注意をはらって日本がソ連攻撃の計画をたてているか否かを検討することにありました。(中略)わたしの日本における使命の唯一の目的がそこにあったといっても誤りではないでしょう」。

こうして、ゾルゲの使命が完遂されたその日、ゾルゲがそのスパイとしての活動の年月のうちに得た最大の情報を入手したその日、(中略)その極秘情報は、ほとんど間髪を入れずアバス支局のわたしのもとに届いていたのである。こんなことがあったのだから、ゾルゲ側からの意図的な〝漏洩〟があったのは疑う余地はなかった。

●フランス大使公邸での夕食の話はまだ終っていない。(中略)日本軍のサイゴン上陸の可能性のニュースは、アルセーヌ・アンリ大使の懐疑的な態度を打ちやぶることがなく、わたしの情報の正確さについても大使を納得させることはできなかった。〝予言者、故郷にいれられず〟だ。(中略)その瞬間に、絶好の機会に恵まれていることに気付いた。米国大使に情報を伝えるのだ。いま大使の腹心ユージーン・ドーマンが目の前にいるではないか。(中略)フランス大使には落胆したが、ユージーン・ドーマンなら、きっと……。折をうかがって、ドーマン氏と二人きりになると、わたしはすぐに御前会議を話題にした。氏が何も知らないらしいのがすぐにわかった。

●「わたしはもう（滞日が）十五年以上になりますよ。（中略）長くなると、日本人の考え方や感じ方が身についてきます。（中略）たとえば、キモチです。

（中略）いつも（日本人の）キモチを考えますが……で、今夜のわたしのキモチでは、日本人はサイゴンには行きませんよ」

興味深いのは、ゾルゲは七月二日には「日本が北進（ソ連攻撃）しない」という感触を持っていて、ヴケリッチを通してギランへ伝えていることです。

モスクワへの報告は、もう少し慎重です。ゾルゲは吉河光貞検事に「大勢は形勢観望に傾いている」との判断を持っていたと答えています。

ゾルゲはモスクワが自分に疑惑の目を向けていることを知っており、よほど確信がなければ報告しない態度を取っていたようです。その意味では、ゾルゲはヴケリッチにはより本音ベースで話し、それがギランに伝わったということだと思います。

ジューコフ元帥のスターリンへの進言と、
ゾルゲの報告の時期を比較すると、
ソ連がゾルゲ情報によって極東軍を西部方面に動かしたという説は
ほとんど成立しません

今一度ジューコフ元帥（参謀総長）のスターリンへの進言を見てみます。

八月一八日に私はスターリンに次のような電報を送った。

「（略）敵（孫崎注：ドイツ軍）の企図を失敗させるためには、できるだけすみやかにグルホフ、チェルニゴフ、コノトプ地域に大部隊を配置し、攻撃してくる敵に側面から打撃を与える必要があると思う。このために必要な兵力は、歩兵師団一一―一二、騎兵師団二―三、戦車一〇〇〇台以上、軍用機四〇〇―五〇〇機である。これらの兵力は、極東方面軍、（略）各軍管区から集めることができよう」

これに対して、翌八月十九日には、最高司令部から「チェルニゴフ地域等に敵が進出するおそれがあるとの貴下の想定は正しい。他の諸措置については追って知らせる」という返電があり、さらに次の返電を受け取っています。

モスクワへの攻撃の可能性を含めて、ドイツ軍の攻撃を食い止められるか否かは、ソ連が崩壊するか否かの瀬戸際です。日本軍が極東でどういう動きをしようと、全軍を集中させなければなりません。それでジューコフ元帥は極東軍を西部方面に回すことを八月十八日に進言し、受け入れられています。

極東方面は七月五日、日本軍の大規模動員が決定され、ゾルゲもモスクワ中央も、日本軍がどう出るか混乱していました。日本軍が極東ソ連に出ないという結論は、八月十五日以前には出ていません。したがって、ウィロビー等が唱える「ゾルゲの『日本軍はソ連攻撃の意志なし』との情報に基き、ソ連はシベリア師団を西部戦線に送ることが出来、モスクワの防備を全うすることが出来たのである」という評価は間違っています。

［第五章］

米国を参戦に向かわせるため動く英国安全保障調整局

英国がナチ・ドイツに勝つ道は二つ。一つは主敵ナチ・ドイツがソ連と戦い戦力を東方で使い果たすこと、今一つは米国が参戦することです。

私にとって、「日本はなぜ、日米開戦という馬鹿な決断をしたか」が常に疑問でした。

考えさせられたのがチャーチル・英首相の記述です

日本が真珠湾攻撃によって、第二次世界大戦へ入ったことにより、三一〇万人の日本人が犠牲になりました。

日本の歴史上、真珠湾攻撃ほどの愚策はありません。

なぜ、日本が真珠湾攻撃を行なったのか、高校で歴史を学んでから、常に疑問でした。でも、納得できる回答にはなかなか出会えませんでした。

そうした中で、私は何となくチャーチル英国首相の『第二次大戦回顧録』（毎日新聞社刊）を読んでいて、真珠湾のくだりに遭遇しました（『第二次大戦回顧録12』）。

十七ヵ月の孤独の戦闘と、恐るべき緊張裡に果した私の責任十九ヵ月の後に、われわれは戦争に勝ったのであった。イングランドは活きるであろう。（中略）英国の歴史は終わらぬであろう。（中略）ヒットラーの運命は定まった。（中略）日本人に至っては、微塵に砕かれるであろう。（中略）

とんまな人間（中略）は米国の力を割引して考えるかも知れなかった。米国は軟弱だといったものもあり、（中略）かれらは流血には耐えられぬであろう。かれらの民主主義と頻繁な選挙の制度はかれらの戦争努力を麻痺させるであろう。（中略）

しかし、私はかねてから、死にもの狂いの最後の一インチまで戦い抜かれた米国の南北戦争を研究してきた。（中略）米国は巨大なボイラーのようなもので、その下に火がたかれると、つくり出す力には限りがない。満身これ感激と興奮という状態で私は床につき、救われて感謝に満ちたものであった。

チャーチルの記述は、真珠湾攻撃に全く新しい視点を与えてくれました。

真珠湾攻撃に対して、英国首相のチャーチルは「満身これ感激と興奮という状態で私は床につき、救われて感謝に満ちたものであった」と書いています。

チャーチルは、元来陸軍士官学校を出て、いくつかの戦争に参戦した軍人です。きわめて戦略的思考を持つ人物です。

もし、真珠湾攻撃で、チャーチルが「満身これ感激と興奮という状態で私は床につき、救われて感謝に満ちたものであった」のなら、「この『感激』を生み出すような行動をとっているのではないか」と問うのは自然です。

米国国内の世論は、欧州の戦争に参加しないのが大勢です。ルーズベルト大統領も幾度となく戦争しないと米国国民に約束しています

一九四〇年十一月六日、ルーズベルト大統領は、三選目の選挙を迎えました。対立候補は共和党のウィルキーで、ルーズベルトが欧州での参戦に積極的であるとして立候補しています。共和党は綱領で「共和党はこの国を外国の戦争に巻き込むことに断固反対する」と謳っています。

この時の欧州情勢を見ておきたいと思います。

一九三九年九月　ドイツ軍ポーランド侵攻
　　　　九月　右記をうけ、英国、フランスがドイツに宣戦
一九四〇年四月　ドイツ、デンマーク・ノルウェー攻略
　　　　五月　ドイツはダンケルクの戦いで英仏破り、英軍は英国に撤退
　　　　六月　フランス、対独降伏
　　　　七月　ドイツのロンドン空襲開始
　　　　九月　日独伊三国同盟締結

この時、ルーズベルトの母体、民主党の公約は明確です。

「私たちは外国の戦争に加わることはしません。
私たちは攻撃を受けた時を除いて、アメリカ国外での戦闘に、陸、海、空軍を派遣しません」

ルーズベルトは選挙期間中も参戦しないことを幾度も宣言しています。

一九四〇年十月二十三日、フィラデルフィアで、共和党が「この政権はこの国を戦争に導こうとしている」と主張したのに対して「誤りだ」と断言し、自分は「平和への道筋をたどっている」と主張しています。

十月三十日にはボストンで「何度でも言う。皆さんの息子が外国のいかなる戦争にも送りこまれることはない」と言っています。

十一月二日、彼はさらに、「この国の大統領がこの国は戦争に突き進まないと言っている」と強調しています。

そして、選挙後の十二月二十九日に「ヨーロッパに派兵するというような話は、すべて意図的なうそだと片付けてもらって構わない」と反戦の意志を繰り返しています。

米国は武器貸与法で英国支援を強めます

一九四〇年の大統領選挙で、民主党は欧州への参戦は否定しましたが、「自由を愛する諸国民が不当な攻撃をうけた時には、物資的な援助を提供する」と約束しています。

一九四一年一月六日、ルーズベルト大統領は一般教書演説で「枢軸国と戦う国に、武器、弾薬、軍需物資を提供する」と発表しました。国際法では交戦国への武器提供は戦争行為と認識されていましたから、米国は一歩戦争に近づきました。

武器供与の対象国は、まず第一に英国です。

そして、ドイツがソ連への侵攻を始めると、ソ連が最も重要な援助対象になります。併せて、日本軍と戦う中国の蔣介石政権です。

日本軍は、米国から軍事物資の供給を得ている蔣介石政権を軍事的に制圧することが一段と困難になります。この武器供給を止めるため、一九四一年七月二日の御前会議で南部インドシナに進出することを決め、これに基づき❶日本軍は南部インドシナに進出→❷米英蘭から石油の全面禁輸の制裁→❸石油の備蓄が枯渇するとして、日本から真珠湾攻撃を仕掛けるという選択をすることになります。その意味で、米国の武器貸与法成立は、第二次大戦の帰趨（きすう）を決める極めて大きい動きでした。

ゾルゲ事件に関しては、この御前会議でいかなる決定をしたか、その後日本軍がどのような具体的行動をとるかを、ゾルゲがソ連に報告することが、極めて重要な任務になります。

ルーズベルト大統領は、

石油の対日全面禁輸は日本を戦争に追い込むと知りつつ、

一九四一年八月一日、全面禁輸に踏み切りました

ルーズベルトは「石油の禁輸が戦争になる」という判断を持っているのです。

一九四一年八月一日、ルーズベルト大統領は石油禁輸強化を発令、日本を対象として発動機燃料、航空機用潤滑油の輸出禁止を発令しました。これによって日本は、すでに禁輸されていた高オクタン価ガソリンに加え、オクタン価の低い石油についても禁輸措置を受け、米国から日本への石油輸出は、全面停止になりました。

ルーズベルト大統領はこうした措置を取ることによって、「日本との戦争は避けられる」と思っていたのでしょうか。それとも「戦争は必然」と思っていたのでしょうか。

それを解く手がかりがあります。

一九四一年七月二十四日にルーズベルト大統領は「志願参加委員会（the Volunteer Participation Committee of the Office of Civilian Defense)」で、次のように述べています。

「ここに日本と呼ばれる国があります。もし我々が石油の供給を断ち切っていたら、彼らは多分、一年前にオランダ領東インドに進出していたでしょう。そしてあなた方は、戦争を持つ（had a war）ことになっていたでしょう。

だから日本に石油が届く方策はとられたのです。

それは我々自身のために、英国防衛のために、海洋の自由のために、南太平洋を戦争から遠ざけることを希求して取られ、二年間機能してきました」
（孫崎訳）

では、一九四一年八月一日、ルーズベルト大統領は石油禁輸強化を発令した時に、「日本との戦争に近づいた」と思っていたでしょうか。「回避の方向に展開する」と思っていたでしょうか。

「日本への石油の輸出は日本が戦争するのを止める役割を果たしてきた」と言っている人間が、石油の供給を止めれば、それは戦争に近づく行為と認識したはずです。

さらに極めて重要な記述があります。米国は日本に「第一撃」を撃たせることを画策していたのです。

関連部分を『太平洋戦争秘史』（毎日新聞社図書編集部訳・編、一九六五年、毎日新聞社刊）より引用します。

一一月二五日の正午にマーシャル将軍と私（スチムソン）はホワイトハウスに出かけたが、会議は午後一時半までかかった。ハル（孫崎注：国務長官）、ノックス（孫崎注：軍長官）、マーシャル（孫崎注：陸軍参謀総長）、スターク（孫崎注：海軍作戦部長）および私が参会者だった。大統領は欧州戦に参戦の場合の国家行動（ビクトリー・パレード）をとりあげずに本日は対日関係だけを議題にした。

大統領は、〝日本人は元来警告せずに奇襲をやることで悪名高いから、米国はおそらくつぎの月曜日―一二月一日―ごろに攻撃される可能性がある〟と指摘して、いかにこれに対処すべきかを問題にした。

当面の問題は、われわれがあまり大きな危険にさらされることなしに、いかにして日本側に最初の攻撃の火蓋を切らせるような立場に彼らを追いこむか、ということであった。（スチムソン日記　一九四一年一一月二五日）

第一撃を日本に撃たせる、そのように追い込む、それが石油の対日全面禁輸でしたし、日本はその術策に見事にはまっていきます。

日本では「陰謀論」といって、こうした動きを学ぼうとしない人々がいます。自分が謀略的発想ができないから、相手もしないだろうという類です。孫子は「ゆえに上兵は謀を伐つ。その次は交を伐つ。その次は兵を伐つ。その下は城を攻せむ」と謀略を最上位においているのです。

米英首脳は米国の参戦に向けて、協議を重ねます。その代表的な会合が大西洋会議です

真珠湾攻撃が起こる前、一九四一年八月、米英首脳は大西洋会議を開催しました。出発点からしてミステリアスな会議でした。八月三日、ルーズベルト米大統領は戦艦ポトマック号に乗り込み、「個人的な船旅を楽しむ」といって出掛けました。同時に英国では、チャーチル首相も姿を消したのです。

暫く、二人の動静が明らかになりませんでしたが、十四日、ホワイトハウスが会談経緯と、その時合意された「大西洋憲章」を発表しました。

両者は八月九日からカナダのニューファンドランド、プラセンシア湾上で、双方の軍艦

◎**F・D・ルーズベルト**（一八八二～一九四五）
政治家。第三十二代米国大統領。セオドア・ルーズベルト（第二十六代大統領）とは縁戚関係。一九一〇年、ニューヨーク州上院議員に当選し政界入り。第二次世界大戦勃発後は連合国の指導的役割を果たす。真珠湾攻撃の翌日、日本への宣戦布告の誓約に署名した。

に交互に乗って会談していたのです。

英国の戦艦はプリンス＝オブ＝ウェールズ号、その年三月三十一日に完成したばかりのものです。全長二二七・一メートル。米国側は大西洋艦隊の旗艦オーガスタです。

この会議で最も着目されるのは第六項目で、「**ナチスの独裁体制の最終的崩壊後**」と言**及したことです**。「どうして崩壊するか」には言及していません。しかし、「崩壊する」道筋には当然議論が及んでいるはずです。しかし、発表されていません。

同じことは日本にも言えます。

日本については、**チャーチル**は豪州首相に電報を送っています。チャーチル著『第二次大戦回顧録11』はその内容を次のように記載しています。

「メンギース氏に　　四一年八月一五日

もし日本が米国と戦争に入るならば、日本は英国および英連邦とも交戦状態に入るのであることを明らかにせねばなりません。私はイーデンと、このことを手配しているので、貴下は通常の筋を経て報告されるでありましょう」

チャーチルは日本との戦争を前提として動き始めているのです。

米国が戦争に行くには二つの課題があります。
一つは、ドイツ、日本からアメリカを攻撃するように追い込むこと、
今一つは、米国国内の戦争反対者の勢力を削ぐことです。
後者のために、米国国内に英国安全保障調整局が作られます

日本を戦争に追い込むには、❶石油の全面禁輸をする、❷日米交渉を完全に破綻させる、です。これは着々と進んでいました。

一九四〇年六月十四日、ドイツ軍がパリに無血入城し、六月二十一日、ペタンを首班とするフランス政府はドイツに休戦を申し込み、フランスは降伏しました。

© TopFoto/amanaimages

◎サー＝ウィンストン＝L＝S＝チャーチル（一八七四～一九六五）
英国政治家。首相（在位一九四〇～四五、五一～五五）。陸軍士官学校出身。一九〇〇年、下院議員。商務相・内相を務め、第一次世界大戦時に海相、軍需相、戦後は陸相などを歴任。第二次世界大戦には首相として指導力を発揮し、連合国の勝利に貢献した。ノーベル文学賞受賞。

英国もまた風前の灯でした。

英国が生き残るには、二つの可能性がありました。一つはナチ・ドイツがソ連を攻め、ここで兵力を消耗させること、今一つは、米国を戦争に引っ張り込み、米国がドイツと戦うこと。

ナチ・ドイツがソ連を攻撃してもソ連があっさり降参しては意味がありません。それでチャーチルは必死にスターリンに「ドイツはソ連を攻める」と警告します。しかし、スターリンはこれを英国の策略と思って信用せず、初戦で大敗を喫した事実は、これまで見てきたとおりです。

米国に戻りますと、米国国内では国民はドイツとの戦争を望んでいません。約八〇%の米国人は戦争参加に反対でした。議会には中立法があります。多くの国民は、「結局は、英国はドイツとの戦いで敗れるであろう」と見ていましたから、負け側につくという気持ちもありませんでした。ほとんど言及されていませんが、第二次大戦前、米国内でどこの国からの移民が一番多かったかというと、ドイツからだったのです。

一九四〇年、駐英大使だったジョセフ・ケネディ（後のケネディ大統領の父）は米国に一時帰国し、ルーズベルト大統領や、一般大衆に「ヒットラーは英国に勝つ、戦争は道義の問題と何ら関係がない」と述べています。

ルーズベルトは「米国の世論の支持なしに英国に加担すれば、次の選挙に敗れる」と認識しています。

チャーチルには「大多数の米国国民を参戦に向わせなければならない」という課題がありました。英国にとっての突破口は、ルーズベルトです。ルーズベルトは「ナチを排除しなければならない」との確信を持っていました。

チャーチルとルーズベルトの間で頻繁な交信が始まりました。あからさまになるのを怖れ、チャーチルは「海軍関係者（naval person）」を名乗り、ルーズベルトは「POTUS」を名乗ります。「POTUS」は President of the United States の頭文字です。

ここでチャーチル英国首相とルーズベルト米国大統領との間に、重大な合意が成立します。**ルーズベルトが米国国内で、英国の情報機関が、戦争反対者を排除する工作に乗り出すことを許可したのです。凄い事です。**外国の情報機関が、米国国内で、米国人である特定人物を政治的に抹殺したり、工作するのを容認したのです。

一九四〇年五月、ニューヨークに、チャーチルの許可の下、英国安全保障調整局（British Security Coordination－ＢＳＣ－）が設立されました。本部はロックフェラーセンターです。

こうして英国のスパイが米国本土で、**米国人攻撃の活動を始めたのです。米国人も雇用**

され、その数は数百人から三〇〇〇人にまで上ると推定されています。

ルーズベルト大統領と、ドノバンに率いられる戦略諜報局（The Office of Strategic Services—OSS—）が協力体制を作りました。OSSはCIAの前身です。

BSCの長は、カナダ人ウィリアム・スティーヴンスンでした。スティーヴンスンは、この活動を「英国の敵に対する政治戦争（political warfare）と言っています。活動は様々な分野にわたります。

この英国安全保障調整局は、一九四一年一月、米国国務省によって外国機関として登録されますが、その役割は、おおよそ以下のようなものです。ここからも、諜報機関としての役割を持っていることが解ります。

例えば多数のイギリス等の船舶が、爆発物その他戦争資財の積荷に参加しており、同様の物資が全国の工場、鉄道、海軍工廠（こうしょう）にあって、妨害工作者や敵のスパイの誘惑的目的になっています。

そこで、様々な英国使節団と米当局との間の一切の安全保障問題を調整するため、英安全保障調整局が作られたのです。

活動内容に、「妨害工作者や敵のスパイ」と対抗することが含まれていますが、本来、こういう任務は主権国の米国が行なうべきことです。

〈図2〉英国安全保障調整局（BSC）の相関図

チャーチル英国首相　　合意	**ルーズベルト米国大統領**
対米世論工作 **秘密情報機関（SIS）** ・英国の戦争継続努力に対し邪魔をする者の情報収集とこれに対する工作	
英国安全保障調整局（BSC） ・英国の情報・経済戦争の供給 ・戦時輸送分野を統括 ・敵無線傍受と解読 ・在米独スパイの逮捕協力 ・独企業への攻撃	**OSS（米戦略諜報局）が協力** ・ドノバン将軍が指揮 ・配下にデイヴィッド・ブルース（後、駐英、初代駐中国大使）等 **FBI（連邦捜査局）／フーヴァー長官協力**
スティーヴンスンが指揮	**国務省は反対**

この当時、米国には六〇〇〇万人のドイツ語を話す人、四〇〇〇万人のイタリア語を話す人がいました。この人たちの中には、当然、「米国が、自分の出身国、ドイツやイタリアと戦う英国の側につかないように活動する」という人が出てきます。これらの人たちが「妨害工作者」となります。

なぜ、米国自体が「妨害工作者」に厳しく対峙できないかというと、米国は中立法を持っていて、基本はどちら側にも与しないという立場をとっているからです。

ここから、英国の諜報が動く必要があり、それをルーズベルト大統領が容認するという異常な事態が出ていたのです。

具体的には、次のことが実施されました。

一つは情報操作です。この中にはメディアを使っての、戦争に反対する人々、あるいは親ドイツの人々への攻撃があります。さらにドイツに友好的な企業への攻撃があります。

英国安全保障調整局は、米国内で何をしたか、具体的に見てみます

ルーズベルト大統領が「米国国内で、英国の情報機関が、戦争反対者を排除する工作に乗り出すこと」を許可したのです。

ルーズベルトが「米国国内で、外国である英国の情報機関が、自国民の戦争反対者を、政治的社会的に排除する工作に乗り出すこと」を許可したのですから、本来はこんな暗黒な部分を米国の情報機関が自発的に発表することはないのです。

ところがこれには別のスパイ事件が絡んで、BSCの活動が公表されました。

英国にキム・フィルビーという人物がいました。第二次大戦をはさんで、二十世紀最大のスパイの一人です。

フィルビーはソ連のスパイで、英国情報機関のほぼトップにまで上り詰めた人物です。この時のグループが「ケンブリッジ・ファイブ」と言われて、英国の枢要ポストに就きます。以下の五人です。

●キム・フィルビー：SISワシントン代表、次期長官候補。発覚後ソ連亡命
●サー・アンソニー・ブラント：王室美術顧問、約二〇年間エリザベス女王の美術品収集の助言を行なう
●ガイ・バージェス：BBC勤務、外務省勤務を経て、発覚後ソ連亡命
●ドナルド・マクリーン：外務省勤務を経て、発覚後ソ連亡命。一九五〇年、外務省米国課長（局長との訳もある）となり、朝鮮戦争における米英両国の関係の調整と、北朝鮮に対する核兵器使用の可能性の検討に従事
●ジョン・ケアンクロス：外務省、大蔵省を含む政府機関勤務を経て、発覚後はアメリカでの大学勤務、国連勤務

キム・フィルビーは一九二九年にケンブリッジ大学に入学し、反ファシズム運動に参加し、ソ連の諜報活動に加わります。卒業後、ジャーナリストを経て、一九三九年に英国の情報機関に採用されます。

フィルビーはMI6（英国諜報部6部）の中で、戦後に起こりうる対立を考慮に入れて対ソ連専門部局を設立するよう進言し、一九四四年九月、新たに設けたセクションⅨの部

長に任命されます。一九四九年、フィルビーはワシントンで米国の情報機関との連絡役の任務を負う駐在部長になります。

しかし、亡命したソ連の諜報員がフィルビーがソ連の工作員であることを供述し、一気に疑惑が高まり、一九五一年MI6を辞職します。その後も彼に対する疑惑が続き、フィルビーは一九六三年、記者として活動していたベイルートから姿を消し、ソ連に亡命します。

冷戦の真っ最中です。英国と米国は、フィルビーらが、英国安全保障調整局の米国での活動を発表して宣伝に利用することを恐れて、自ら英国安全保障調整局の活動を発表します。それが、英国情報機関の活躍を描いた、ウィリアム・スティーヴンスン著『暗号名イントレピッド』(一九七八年、早川書房刊)です。

日本で気付いている人はそう多くないのですが、『暗号名イントレピッド』は凄い本なのです。私はこの本を、英国情報機関の人から読むように勧められました。この本に書かれている内容の要点を紹介します。

英国安全保障調整局はまず、ジャーナリストの中に協力者を作ります。

「ニューヨーク・ポスト」の発行人であるジョージ・バッカー、PMの発行人ラルフ・インガソル、ニューヨーク「ヘラルド・トリビューン」紙を支配するヘレン・リード、「バルティモア・サン」紙のポール・パターソン、「ニューヨーク・タイムズ」紙会長アーサー・ザルツバーガー、ウォルター・リップマンやドルー・ピアソンなど、著名な発行人や記者と協力関係を築きます。

彼らにナチ批判と、戦争に反対する議員への攻撃をさせます。

英国は、自国の存続のために、友好国米国の中で、何百人、場合によっては三〇〇〇人もの工作員を米国に送り込んで、戦争反対の米国人を貶め、戦争に駆り立てました。

ではBSCは、反対者をどのように排除し、協力者を増やす手立てをとったのでしょうか。同書から、抜粋、要約します。

(1)「英国は負ける。英国への支援は無駄」と主張していたケネディ駐英大使への圧力

ケネディは、「公開の声明の中で、ヒトラーは対英戦争に勝つこと、抗争は道義の問題と何のかかわりもないことを、同胞のアメリカ人に告げた」。かつケネディ大使は、自身がカトリック教徒であり、大統領選挙では、ルーズベルト大統領の対立候補に票を回すことが懸念された。

英国としてはルーズベルト大統領が当選しなければ、米国の参戦の可能性が低くなる。したがってケネディ大使追い落としが、絶対に必要となる。

そこで「外相ハリファクス卿は、ケネディが彼自身の書いた論文を大統領選挙の五日前に、アメリカで大々的に発表する準備をしているといった、と報告した。『ケネディは、これはローズヴェルト大統領政府の告発になろう、と私に知らせた』」。

「ビーヴァブルックはスティーヴンスンに、大使の会話に関する詳細な報告を送った。（中略）この報告は即座に、ＦＤＲ（孫崎注：ルーズベルト大統領の略称）に提出された。スティーヴンスンは、この時の情景を描写している。

『（前略）彼が怒っているときは、ちょっとしたしるしでわかる。この場合のしるしは、紙を傾ける速さが急に高まったことであった。読んでしまうと、紙を非常に冷静に、非常にゆっくりとたたみ、同じようにゆっくり、静かに、非常に小さい紙片に引き裂き、紙くず箱に落とした。

それから、私の面前で、彼はケネディ宛てに電報を起草した。（中略）

〈ボストンの酒類販売は、いま注目を惹いている。ハリウッドの女性はもっと魅力的だ〉

（孫崎注：ケネディ家は禁酒時代に酒類を密売したことで財をなしたといわれている。かつケネディ大使はハリウッドの女優と昵懇であると言われていた。これらを公に暴露する可能性を示唆している）』

これらをうけて、ケネディは（これまでの態度を翻し）「全国向けラジオ放送で話した。

びっくりした一般国民は、いまや彼が、『フランクリン・D・ローズヴェルトは大統領に再選されるべきだ』と信じているのを知ったのである。彼は記者会見で述べた。『私は反イギリスの言明をしたことはないし、またオフレコでも、公開でも、イギリスが戦争に勝つとは思わないと声明したことは一度もない』」

(2) 米国にいたドイツ諜報員の殺害

BSCは米国から海外に向けて発送される手紙をチェックした。その中に、❶イギリスに送付される航空機の詳細、❷真珠湾におけるアメリカの防備を示す精巧な図面が入っていた。発信者は「ジョウ・K」となっていたが、彼はドイツ陸軍情報部のオステン大尉であった。彼はブロードウェイを歩いている時にタクシーにはねられ、ついでもう一台の車が彼を轢(ひ)き、彼は死亡した。

英国安全保障調整局は日本ともかかわっています。引き続き『暗号名イントレピッド』から、日本関連を見ます。

(3) 真珠湾攻撃関連

ポポフという英独の二重スパイは、「イギリスで一見見事な手柄をたてて（中略）アメリカに行くようにいわれた。途中で彼はリスボンで、ドイツの彼のボスたちと何回か会った。

彼らは彼に、数カ月前のイギリスのイタリア艦隊に対する作戦に似た方向で、日本が真珠湾の米艦隊に対し攻撃する方法を研究中である、と話した。

イギリスは新型空中魚雷を使用して、南イタリアのタラントの浅い海で敵艦隊の半数を沈没させていた。東京駐在のドイツ空軍の大使館付武官グロナウ男爵は、とくにこの作戦全体を研究するためにタラントに飛んでいた。（中略）

彼は、日本の海軍部隊が、タラントで英艦隊航空隊の用いた戦術を使って、米太平洋艦隊の大半を殲滅（せんめつ）できる、と始めて考えているようである（中略）というドイツの見解を忠実に報告した（孫崎注：日本が真珠湾攻撃の作戦を用いるであろうことは、米英の情報関係者は事前に十分把握していたことを示しています）」。

ここまで、『暗号名イントレピッド』を通して、英国安全保障調整局の活動を見てきましたが、私は以前、英国人の友人の助言を得て、「イントレピッド」の日本関係を調査したことがあります。それを『日本外交現場からの証言』（一九九三年、中公新書、二〇一五年に創元社から再刊）に記載しましたが、まとめると、次のようになります。英国諜報網による対米協力の事実が浮かび上がります。

❶暗号解読での米国への協力
❷日本の諜報機関のポイントであった駐サンフランシスコ・ドイツ領事の、英側への寝返り工作
❸日本海軍の動向に関して、英国の極東拠点より、米国へ報告
❹カナダがBSCを通じて、日本海軍の動向を米国に提供
❺ニューヨークでの日本総領事館の暗号を盗む。これにはフレミング参加
❻BSCは日本の外交官の中に潜り込み、スパイの取り込みに成功。スパイは日米交渉を継続中の来栖大使以下の動静も把握

そこからは、ゾルゲが活躍した同時代に、「いかに大規模なスパイ組織が活動していたか」、そして「いかに具体的な成果をあげていたか」が明らかになります。

こうしたスパイ組織の動きを見ますと、ゾルゲ・グループがいかに小規模で、かつ具体

的成果が上がっていないかが解ります。

そのことは、「ゾルゲ事件」の本質は、政治利用するために出てきた事件だということを明らかにしています。

［第六章］

ゾルゲ事件の評価

ゾルゲ事件は日本政府にいかなる被害を与えたのでしょうか

本書の冒頭に、「ゾルゲ事件では次の人々が有罪となり、何人かが死刑の執行をうけ、そして何人かが獄死しています」として、それぞれの刑とその後を記載しました。再掲します。

ゾルゲ　死刑（一九四四年十一月七日執行）
ヴケリッチ　無期懲役（一九四五年一月十三日、急性肺炎で獄死）
尾崎秀実　死刑（一九四四年十一月七日執行）
宮城与徳（よとく）　未決拘留中、一九四三年八月二日獄死
水野成（しげる）　懲役一三年（一九四五年三月二十二日獄死）
船越寿雄（ふなこしとしお）　懲役一〇年（一九四五年二月二十七日獄死）
河村好雄　未決拘留中、一九四二年十二月十五日獄死
北林トモ　懲役五年（一九四五年一月服役中危篤、仮釈放後二月九日病死）

多くの人の生命を奪った事件です。

ゾルゲはソ連のスパイでした。その通りです。

尾崎はゾルゲに情報を提供しました。その通りです。

しかし、そのことは、「ゾルゲや、尾崎が甚大な被害を日本に与えたこと」を意味しません。

ゾルゲの最大の功績とされているのは、「『日本はソ連を攻撃しない』というゾルゲ情報でソ連は極東軍を西部戦線に送ることができた」ということです。しかし、それは事実でないことを証明してきました。

多くの人を死亡させた事件で、彼らが死ななければならなかった理由は、どこにあったのでしょうか。

本書の「はじめに」で、特高でゾルゲの主任調査官であった大橋秀雄が「私はゾルゲに死刑の判決があるとは予想していなかったし、後に送致意見書を作成したとき情状の項に『相当の刑を科せられたく』と書いた」という記述を紹介しました。

そして同時に、**中西功の、ゾルゲ事件とは「『スパイ』という、ただその言葉だけによ**

ってもその人を葬るに足るような事件」という言葉を紹介しました。

この時、字数の関係で、中西功の説明をすることなく、記述しておきました。

中西功はゾルゲ事件と無関係な人物ではありません。

中西は共産主義運動の活動家で、一九四七年の第一回参議院議員通常選挙に日本共産党から立候補し当選しましたが、一九五〇年一月、党内の路線論争で党中央と対立し、除名された経歴を持ちます。一九三四年に満鉄調査部に入り、ゾルゲ事件の尾崎秀実と緊密な関係を持っています。

日本の当局は中西功を要注意人物として、早い段階から彼の逮捕を考えています。

一九四二年、ゾルゲ事件関連で「中共諜報団」として検挙され、巣鴨拘置所に収容、その後治安維持法違反及び外患罪で起訴され、死刑を求刑されたものの、戦後の一九四五年九月、無期懲役の判決を受けます。一九四五年九月と言えば、日本が降伏した直後です。それでも「無期懲役」の有罪になっているのです。それが占領軍の指令により、同年十月には、釈放されました。

中西は「ゾルゲ事件」に関連して逮捕されたわけですから、当然、ゾルゲ事件に深い関心を持ちます。

彼は雑誌『世界』の一九六九年四月号、五月号、六月号に「尾崎秀実論（上）（中）

（下）」を掲載しましたが、四月号「尾崎秀実論（上）」では、次のように書きます（前掲『回想の尾崎秀実』所収）。

　上告審において毅然と弁護に立たれた竹内、堀川の両弁護人の上告趣意書は、判決文の根本的な弱点をついており、法的内容としてもすばらしいものであった。

　その趣意書の根本は、原判決が治安維持法違反の行為として列記している事項は、ことごとく、わが国の政治外交に関するものであって「一つとして共産主義世界革命の目的遂行の為めと認むべきものなし。」「然るに原判決はこれらの行為の全部を一括してこれを共産主義の目的遂行の為にする行為なりとなすも、誣妄（ふぼう）もまた酷し（はなはだし）」（中略）というものである。（中略）

　つまり、予審決定でも、公判の判決文でも、この事件の関係者はすべて判で押したように「コミンテルンの目的達成に協力せんことを企図し、……などの諸般の活動をなし、もつてコミンテルンの目的遂行のためにする行為をなしたるもの」とされている。

　そして、そのコミンテルンは「（中略）その世界革命の一環として我国において国体を変革し、私有財産制度を否認し、プロレタリアートの独裁を通じて共産主義社会の実現を目的とする結社」ということになっており、とくに「わが国の国体の変革を企図する云々」は甚だしい事実誤認である。（中略）

さらに彼（孫崎注：ゾルゲ）は予審においては次のような問答をかわしている。

「問　要するに被告人らの諜報活動は日本の国防上、軍事上の利益を害することのあることを判っていたか？

答　通常のスパイ活動なら、相手国の弱点を探って通報するのであるから日本にとって不利益になると思いますが、私のいたしたのはその反対で、これまで申した通り日ソ間の平和のために活動したのでありますから、日本の不利益になるとは思いませんでした。」（第四十四回調書）

実に面白いのは、裁判官はこれ以上、被告たちが日本に不利益を与えたことを具体的に追及していないことである。

そしてその全裁判記録を通じて、ゾルゲや尾崎が具体的に日本にこれこれの不利益を与えたという記述も陳述も追及もない。

中西功は裁判の全記録に目を通し、「ゾルゲや尾崎が具体的に日本にこれこれの不利益を与えたという記述も陳述も追及もない」と主張しているのです。

ゾルゲ諜報団は、
任務を果たしうる十分な人員を揃えていません

ゾルゲはソ連軍参謀本部付の諜報員です。協力者に尾崎秀実、ヴケリッチと宮城与徳、それに通信担当のクラウゼン、これくらいのものです。

そして、任務は「日本軍がソ連攻撃を行なう可能性がないか、的確、かつ迅速に情報を送ること」です。

日本軍の規律は厳しく、ゾルゲ・グループは、軍に直接接触することができませんでした。ゾルゲ自身、日本軍との接点がないことを認めています。

クラウゼンの供述（昭和十七年八月十七日）で見てみたいと思います（出典『現代史資料3』）。

●昭和十四年四月十三日受信した暗号の後の部分は、二カ月前に指令した様に貴下の諜報団に、二、三人の日本陸軍の将校を獲得することが最も重要な課題である（略）という趣旨の指令であります。

其の電報にある通り此の電報の以前にも同様の指令が来たのでありますが、右陸軍将校を諜報団に加盟せしむることはできなかったのであります。

●ゾルゲはこれは非常に困難な問題であると申しておりました。

●昭和十四年九月一日に来た電報は、「最近日本は対ソ戦に備えて重要な行動を開始した筈であるのに貴下よりこれ等に就て何等見るべき情報がない。貴下の活動は鈍ってきた様に思われる」との趣旨であります。

宮城与徳が軍の情報の収集に努めますが、噂の収集程度にとどまっています。ゾルゲ・グループの日本国内の情報源は、極めて脆弱なものでした。かろうじて、ごく稀に軍人↓西園寺公一↓尾崎秀実↓ゾルゲのルートが存在した程度です。その他にあるとすれば、満鉄調査部↓尾崎秀実↓ゾルゲくらいです。

ゾルゲが日本で活動した第二次大戦直前、前章で見たとおり、米国では、英国が米国を戦争に引きずりこむため、活動していました。この英国安全保障調整局は米国人も雇用され、その数は数百人から三〇〇〇人にまで上るであろうと推定されています。

こうした規模とゾルゲ・グループを比較してみてください。ゾルゲ・グループの勢力が、人員的にいかに微小かがわかります。

ゾルゲ・グループの送付する情報は
「九〇パーセントは秘密諜報員の資料としては全く価値を持っていなかった」状況です。
役に立つ情報はドイツ大使館の情報くらいです

内務省警保局保安課作成の「ゾルゲを中心とせる国際諜報団事件」には、ゾルゲたちが集めた山のような情報が記述されていますが、ソ連軍が重宝するような情報は、ほとんどありません。

先にも紹介したとおり（229ページ）、ソ連軍参謀本部諜報局極東課で勤務していたシロトキンが、内務人民委員部に「1935年7月までは自分は何度もラムゼイ（孫崎注：ゾルゲ）から報告があった資料を受け取って、解読した。全ての情報の90パーセントは、秘密諜報員からの資料としては全く価値を持っていなかった」と報告していますが、「ゾルゲを中心とせる国際諜報団」記載の情報を見ても、とてもソ連軍に役立ちそうなものはありません。

ゾルゲは、この空白を埋めるために、在京ドイツ大使館に本国から入る情報に依存しました。

その代表例は「ドイツ軍がソ連に侵攻する」というものです。

確かに貴重な情報ですが、これとても、在ドイツ・ソ連大使館武官から、軍の編成、攻撃目標、攻撃日時等一段と詳細な情報が送られ、スターリンを始めソ連の幹部に共有された情報と比較すると、情報源、精度、具体性からして、はるかに価値の低い情報です。

したがって、ゾルゲ・グループが諜報組織として特段成果を上げた組織であるとは、いえません。

松本清張のゾルゲ事件の評価の一端を見てみたいと思います

松本清張はゾルゲ事件に関し、「革命を売る男」として伊藤律を描き、それが不適切であることは、すでに論じてきました（112ページ）。

ただ、彼の言及が全て的外れかというとそういうわけでもなく、以下の件のように、的確な指摘もしています。

　ゾルゲ事件のもつ衝撃に比較して、彼らの諜報活動の内容は案外それほどのものではなかったと思える。
　彼らの情報は部分的なものに限り効果的であったかもしれないが、或る意味では在外公館や武官情報機関などではあの程度のことは普通であったろうとみられる。

スパイとは何か。外交官やジャーナリストとどこが違うのでしょうか。違いは、①手段として、非合法、あるいは道徳的に問題の手法を使うこと（脅し、誘惑）、②相手国に工作をすることです。
ゾルゲ・グループはこの範疇（はんちゅう）から外れます

　ゾルゲ事件に関連する人物として、まずゾルゲは公的には「フランクフルター・ツァイトゥング」の東京特派員です。ヴケリッチはユーゴスラビア紙「ポリティカ」やフランス・アバス通信社のジャーナリストです。

グループの周辺に、ニューマンがいました。彼はゾルゲ情報をヴケリッチ経由で入手していました。一九四一年十月十五日、警察が逮捕に向かった時にかろうじて日本を脱出しています。このニューマンは米国「ヘラルド・トリビューン」紙の記者です。

今日の東京でも、各国大使館には、各々の国の情報機関の人間を配置しています。スパイと、外交官、ジャーナリストの違いを整理してみます（図3）。ゾルゲはスパイの役割を果たしていたのでしょうか。

任務に着目すると、スパイと、外交官、ジャーナリストは、全て情報収集を行ないます。ここに違いはありません。

情報機関が他機関と異なるのは、工作を行なうことです。

左の分類を見ていただければ分かるように、ゾルゲ・グループの活動は、ジャーナリストや外交官に近いのです。松本清張が、「或る意味では在外公館や武官情報機関などではあの程度のことは普通であったろうとみられる」と判断したのは正しいのです。

グルー駐日米国大使のほうが、はるかに機微のある情報を集めています。グルー大使は咎められなくて、グルーより機密情報の入手がはるかに劣っているゾルゲや尾崎は、なぜ死刑になるのでしょうか。

〈図3〉スパイ、外交官、ジャーナリストの違い
―ゾルゲはスパイの役割を果たしていたか？

	外交官	ジャーナリスト	スパイ	ゾルゲ
任務（A）情報蒐集	○	○	○	○
（B）工作	○	×	○	×
手段（A）意見交換	○	○	○	○
（B）金銭提供	時たま	時たま	頻度・額大	×
（C）女性利用	なし	なし	あり	×
（D）盗聴	なし	なし	あり	×
雇い主	外務省	報道機関	情報機関	ソ連参謀本部

秘密諜報員の最大の特徴は工作を行なうことです。
しかし、ゾルゲは対日工作を行なうことを、中央より拒否されています

ユーリー・ゲオルギエフ著『リヒアルト・ゾルゲ　第二次大戦の秘録』（「ゾルゲ事件関係外国語文献翻訳集31」所収）は、次のように記載しています。

ゾルゲは1941年4月18日付暗号電報で、（中略）センター（訳注：ソ連軍参謀本部第4部。のちの諜報総局＝GRU（グルウ））に対して、自分の諜報団が日本に働きかけて、シンガポールを攻撃させて構わないか、指示を仰いだ。つまり、日本が南方を侵略するよう仕向けることについて、了解を求めたのであっ

た。

これに関連して、彼は次のことを伝えた。(彼の暗号電報に添付されたメモによる)「オットー(尾崎)は近衛(訳注：文麿。首相)やその他の人々に影響力をかなり持っており、シンガポールに関する問題を差し迫った問題として取り上げさせることができる。それゆえ、彼は日本をシンガポールに侵攻させることに、われわれが関心を持っているか、問い質してきたのだ」。

ゾルゲはさらに、駐日ドイツ大使オットにも、少なからぬ影響力を持っており、日本のシンガポール攻略の問題で、オットを使って日本に圧力を加えることも可能であることを、伝えてきた。

1941年4月24日に、センターの回答が届いた。

ゾルゲが問い合わせた指令は、諜報総局の権限の枠組みをはみだすものであったことは、恐らく疑いがなかった。そのような大きな問題は、クレムリンが直接解決するものであって、その場合、欧州を舞台にした軍事行動に、あらゆる注意が払われていた。(中略)

ここに、ゾルゲに宛てた、諜報局長の暗号電報のメモがある。

「貴殿に与えられた基本的な課題は、ソ連との条約の締結(孫崎注：一九四一年四月十三日に調印された日ソ中立条約）に伴って、日本政府ならびに、日本軍司令部がとるあらゆる具体的な対策の、つまり彼らは軍隊の配置に関して、どこからどこへいかなる部隊を移動し、どこへ集中するか具体的な行動について、タイミング良くかつまた確実に、通報してくることである。**貴殿に与えられた課題の中には、近衛やその他の要人の動静を探ったりすることは入っていないし、また、その必要もない**」

この問題に関しては、ディーキン、ストーリィ著『ゾルゲ追跡（下）』では次のように書いています。

ドイツの主要な課題は、イギリスにたいする戦争に日本を引き入れることにあった。当初のイギリス本土侵入の試みが失敗に終ると、極東で戦端を開くことによってのみ、ヨーロッパ戦局の行詰りを打開することができたからである。ゾルゲは、そのような立場について次のように述べた。「日本がシンガポールを攻撃すれば地中海と大西洋のイギリス海軍力が減少し、ドイツがイギリスそのものに侵入することも可能になるとドイツは信じていた。」

オットは、正式にベルリンから、日本政府にそのような攻撃を仕掛けさせるよう督促せよという指示を受けた。（中略）
この研究（孫崎注：在日ドイツ大使館内で行なわれた、日本軍によるシンガポール攻撃計画の研究）の結論は、ドイツ武官から日本の陸軍参謀本部と海軍軍令部に伝えられたが、「彼らは微笑をもって迎えられたにすぎなかった。そして彼らは、何ら確答を得ることはできなかった。」

ゾルゲ事件の捜査はどのように行なわれたでしょうか①
軍人の極秘情報の提供には、捜査幹部の承知の下に目をつぶって、なかったことにしました

ゾルゲ事件は極めて政治色の強い事件です。

ゾルゲ事件の骨子は、❶ゾルゲというソ連軍の秘密諜報員が日本で活動している、❷日本の共産主義者やその周辺に、これに同調する者がいる、❸その中に近衛首相側近の尾崎秀実までいる、❹彼を登用した近衛首相に政治的な責任がある、というものです。

したがって、ゾルゲ・グループに協力する者は、共産主義者やこれに同調する者に限っ

てておかなければなりません。まかり間違って、日本の高級軍人が加わっていたりすると、事態は複雑になります。したがってそのような事実は隠蔽します。

私たちは、戦後、早期に死亡した太田耐造（ゾルゲ事件当時、刑事局で思想課長と言われる第六課長）を偲び、検察関係者が座談会を行ない、その内容が『太田耐造追想録』に掲載されたのを見てきましたが（83ページ）、この中に玉沢光三郎検事の話した内容が掲載されています。

西園寺（孫崎注：公一）さんの家を捜索した時に、（中略）軍、殊に海軍の方面が中心になった作戦行動をタイプにしたものがあったのですが、西園寺さんが当然手にはいるような性質のものではないんですよ。それが手にはいって来た時に「それをどうするか」という問題があって、これは井本さんもご存じだし、当時の中村部長もご存じだけれども、それと布施君（孫崎注：布施健、ゾルゲ事件ではヴケリッチを担当、戦後検事総長）と四人だけ知っているんですが、結局それは厳封してロッカーの中に入れた切りでそのままになってしまったことがあるんですよ。（中略）

その文書が実際はどこから出たのかということを西園寺さんに聞いてみま

したら、当時連合艦隊の参謀をやっている藤井という少佐か中佐ぐらいの人（孫崎注：藤井茂）からはいっているんですよ。

そうすると、その当時は大東亜戦争で太平洋艦隊で重要な役割を果している人ですからね、それを引張ってこなければならないことになり、とんでもないことになるので、「それはいかん」というので、そのまま金庫の中へ抛り込んだままになって、結局その後戦災で焼けてしまったんですけれども、そういうことがありましたですよ。

たぶん、ゾルゲ事件の調査で、検察が手に入れた一番深刻な文書であったと思います。

この文書はなかったことにして金庫に入れておく、洩らした人も不問にしておく、なぜでしょう。

東條英機や検察の描く筋書きと違うからです。ゾルゲ事件の関係者はあくまでも、近衛首相周辺と共産主義者やこれに同調する者に限っておかなければなりません。

もし、国家機密漏洩が一番の核心なら、最も調べなければならないのは藤井中佐です。

しかし、彼を意識的に見逃しているのです。

この本をお読みになっている方は、「藤井という少佐か中佐ぐらい」に何か思い当たる人がおいでかと思います。本書の中にすでに出てきました（309ページ）。その部分を今一度、見たいと思います。

西園寺公一回顧録『過ぎ去りし、昭和』の引用です。

藤井中佐から（北進を）「中止」したことを聞いたのは八月下旬で、場所は首相官邸だ。定例の昼食会の前に、二人きりになったときだった。「北のほうはどうなった」というと、「決まったよ」といい、後は「やらん、やらん」という調子だった。このことは、この日の昼食会でも出たと思う。

この二、三日後に満鉄のなかにある「アジア」というレストランで、尾崎と食事をした際、この話が出た。彼は既に、軍の首脳会議があったことは知っていて、「決まったらしいね」というので「やらないほうにね」というと、今度は「そうらしいね」と答えた、会話はこれでおしまいだよ。

この本で、繰り返し述べてきましたが、通説でのゾルゲ情報の最大の功績は「日本がソ連を攻撃しないというゾルゲ情報で極東ソ連軍が西部戦線に移動できた」です。「日本軍のソ連攻撃がない」というゾルゲの電報は一九四一年九月十四日に発信されていますが、これに関与した人々を列記してみます。

情報源　連合艦隊藤井茂中佐
情報入手者　西園寺公一（藤井中佐より聴取）
情報伝達者　尾崎秀実（西園寺より聴取し、ゾルゲに伝達）
情報発信者　ゾルゲ

この中で通常、誰の罪が一番重いでしょうか。

通常でしたら、一番罪の重いのは藤井中佐で、次は、西園寺公一になります、しかし、死刑になったのは、尾崎秀実とゾルゲで、西園寺は禁錮一年六カ月ですが、執行猶予二年です。

藤井中佐は連合艦隊を代表してきている人物ですから、これがゾルゲにつながっているとなったら大変なことになります。

藤井中佐に関しては重大な機密文書を西園寺氏に手交し（369ページの玉沢談話）、西園寺氏は有罪になっているわけですから、当然藤井中佐の訊問も行なわなければならないのに、これを止めているところに、ゾルゲ事件の本質が見られます。

ゾルゲ事件の捜査はどのように行なわれたでしょうか②

無期懲役になったヴケリッチと親密で、かつ公には雇い主である仏通信社のギランは取り調べを受けていません

ゾルゲ・グループの中で、ヴケリッチは重要な役割を演じています。重要なものは、一九四一年七月二日の御前会議で、北進、南進の基本方針が決まった時です。流れは次のようなものです。

在日ドイツ大使館→ゾルゲ→ヴケリッチ
↘ギラン→在日仏大使
↙在日米大使館員→米大使→本国→ホプキンズ特使を通じてソ連側に説明

ヴケリッチは公には仏通信社アバス支局に雇用された身分です。ギランはこのアバス通

信社の東京支局長です。ヴケリッチは無期懲役になったわけですから、当然、ギランとヴケリッチの関係、ヴケリッチからギランにどのような情報が流れたかが調べられなければなりません。ゾルゲ事件の解明にはこのルートの追及は不可避です。しかし、それは行なわれないことになりました。

ギランに対する嫌疑が起こっても当然の中、ギランはある失敗をしています。

一九四一年十月十六日近衛内閣が総辞職し、東條に組閣の大命が降下されます。

十七日夜、ギランはアバス支局の申し送りを書き込む黒板に「ヴキ、注意。状況非常に不安。話すな、論じるな、沈黙と慎重第一」と書き込んだのです。ヴケリッチは十八日、自宅で逮捕されます。同時にアバス支局が徹底的に捜索されているのです。警察がギランのヴケリッチへの警告を読んだ可能性があります。

日本の警察は、ヴケリッチが知っていることは当然彼の上司ギランも知っているだろうと推測するのは自然です。ギランは「ヴケリッチが逮捕されたから自分も逮捕されるかもしれない」と不安に思っています。

約一カ月後、ギランを小柄な一人の男が訪れました。その男は名刺を出して憲兵であると名乗ります。

「ギランさん」と、男は英語でいった。"You are cleared." つまり、わたしの嫌疑は晴れた、というのだ。「他言はしないでいただきたい」と、憲兵は続ける。「スパイ事件で、それに、共産主義者の問題もからんでます。助手の方ですね、あの人、共産主義者です」。（中略）なおも男は話し続ける。**「あなたは完全に無関係だというのがはっきりしました。**お仕事のお邪魔はいたしません。You are cleared.」

そして突然、ガラリと調子を変え、（中略）**「いいですか、ギランさん。この事件には手を出さないこと。何もいわないこと。近づかないように。何もしちゃいけませんよ。とにかく、関係しないで。いいですか。ギランさん。**（中略）**Hand off!（手を引きなさい）Keep out!（黙っていること）**」。（ロベール・ギラン著『ゾルゲの時代』）

ゾルゲ事件で、❶どのような国家機密が漏洩したか、❷誰の手に渡ったかを調べるなら、ギランは当然訊問されるべき相手なのです。

なぜ訊問されなかったのでしょう。

ゾルゲ事件の本筋は、国家機密の漏洩追跡ではなかったからです。本筋は政治利用であり、共産主義者の糾弾です。

「それに、共産主義者の問題もからんでいます。助手の方ですね、あの人、共産主義者です。あなたは完全に無関係だというのがはっきりしました。お仕事のお邪魔はいたしません。You are cleared.」なのです。

極めて重要な情報がゾルゲとヴケリッチを通じてギランにわたり、それがギランから駐日フランス大使、米国大使館参事官にわたったとなると、事件の性格がすっかり変わります。

逆に言えば、ゾルゲ事件は、事件の正確な調査をすることは途中で(あるいは最初から)放棄され、共産主義者の事件に仕立て上げられているのです。

ゾルゲ事件の捜査はどのように行なわれたでしょうか③

「伊藤律が全部ばらしたようなことをよく書いておるのだけれども、伊藤律なんか殆ど関係ないよ。あれを伊藤律が全部ばらしたようにしちゃったんだね」

私たちはすでに、『太田耐造追想録』の中で、井本臺吉が、「伊藤律が全部ばらしたようなことをよく書いておるのだけれども、伊藤律なんか殆ど関係ないよ。あれを伊藤律が全部ばらしたようにしちゃったんだね」と述べているのを見ました（110ページ）。

井本臺吉はゾルゲ事件では、捜査の実働部隊ではナンバー2にいた人物です。後に検事総長になった布施健は、ゾルゲ事件への関与について「昭和十六年の十月十八日、区検から二人思想部に応援に出すことになり、私が選ばれたのです。（思想部）の部長が中村登音夫さんで、次席が井本臺吉さんでした」と言っているくらい、重要な地位にいた人です。

その人が、「伊藤律が全部ばらしたようなことをよく書いておるのだけれども、伊藤律なんか殆ど関係ないよ。あれを伊藤律が全部ばらしたようにしちゃったんだね」とさらっと言う。本当に怖いと思います。

「伊藤律が全部ばらしたようにしちゃった」から、「ばらした」対象とされる北林トモも有罪になりました。

北林トモ、懲役五年。一九四五年一月服役中危篤となり、仮釈放後の二月九日病死しました。

彼女はいわゆる共産主義者の範疇に入らない人でした。熱心なクリスチャンです。キリスト教の信仰から戦争に反対し、共産主義運動と連携したのでした。

なぜ「伊藤律が全部ばらしたようにしちゃった」のか。

ゾルゲ事件を、共産主義運動の撲滅に利用する、そのために使われたのです。そして、その目的を達成するために、伊藤律本人の人生がどうなってもいい、巻き添えの人が死んでもいい、そういう性格を当時の検察は持っていて、かつそういう人が何と、戦後の検事総長になっています。さらに、その人、布施健は、検事総長時代、田中角栄追い落としに重要な役割を果たしています。

ゾルゲ事件の政治的利用①

ゾルゲ・グループは日本政府に深刻な被害は何も与えていません。然しゾルゲ・グループを摘発することは、近衛内閣打倒を狙う東條にとっては大変な武器になります

一九三三年、近衛文麿を支援する目的で「昭和研究会」が作られます。近衛が有力首相候補になり始めた一九三六年、組織を一段と整備し、各界の比較的リベラルな人々が中心になり、外交、国防、経済、社会、教育、行政等の各分野の研究会を立ち上げます。

しかし、このグループに強い警戒を持っている勢力がありました。平沼騏一郎など国粋主義を掲げる政治家・官僚・右翼です。

彼らは「昭和研究会」を「アカ」として批判・攻撃します。

「昭和研究会」は大政翼賛会に発展的に解消するという名目によって一九四〇年十一月に解散しました。

ただ昭和研究会の中核的存在であった内閣書記官長の風見章、佐々弘雄、白洲次郎、細川嘉六、平貞蔵、松方三郎、松本重治、笠信太郎、蠟山政道、牛場友彦などが「朝食会」を形成します。世間的には近衛首相に極めて近い人々とみられました。

ここに尾崎秀実が参画していました。尾崎自身は近衛に四、五回会った程度でしたが、「朝食会」の一員ということで近衛側近の一人という位置づけが与えられました。

ここから、「ゾルゲ事件」の本質が出ます。

❶ゾルゲはソ連軍の秘密諜報員である
❷近衛側近と位置付けられる尾崎秀実がゾルゲの協力者である
❸❶、❷が証明されれば近衛内閣は崩壊する
❹日米開戦の是非をめぐり近衛首相と激しく対立する東條陸相がこれを利用する

これに加えて、当時の検察は、「思想検事」グループが中核を占めています。この「思想検事」グループは共産主義者、それに近いリベラル・グループの一掃を意図していま

す。

ここに権力者と検察が結びつく構図が出来ています。

したがって、この構図の中ではゾルゲ・グループが具体的にいかなる被害を日本国家に与えたかはさしたる論点ではなく、❶ゾルゲはソ連軍の秘密諜報員である、❷尾崎秀実氏がそれに協力をしている、❸尾崎自身も共産主義思想に理解を示していること、以上が立証されればそれで十分であり、訊問もこれを中心になされました。

これで国民は、極刑、つまり死刑を求めます。

ゾルゲ事件の政治的利用②

冷戦での「赤狩り」と「逆コース」で、ソ連、共産主義の脅威を拡散するためにゾルゲ事件は利用されました

戦後もまた、冷戦時代に、ゾルゲ事件の政治的利用が行なわれました。

冷戦下、米国では、「赤狩り」が広範に実施され、「赤」、共産主義の脅威を訴える手段の一つとして「ゾルゲ諜報団」が利用されました。

日本でも一九四〇年代後半から五〇年代初め、軍国主義化へ舵が切られ、言論を統制し

ていく一環として、ゾルゲ事件が利用されました。

ゾルゲ事件は、これまで多くの本が出されました。

ゾルゲがどういう人物か、いつ共産党に入ったか、尾崎秀実はいつ社会主義に共感を覚えたか、あるいは彼らの女性関係はどうであったか等に、鋭く切り込んだ本が多々ありました。

しかし、ゾルゲ事件の核心は、「いかなる被害を日本国家に与えたか」であるはずです。これまでの記述で、日本国家にゾルゲ・グループが被害を与えたものは、ほとんど出てきません。

そのことは次の人々の死を招く正当性は、何もなかったということです。

ゾルゲ　　死刑（一九四四年十一月七日執行）
ヴケリッチ　無期懲役（一九四五年一月十三日、急性肺炎で獄死）
尾崎秀実　死刑（一九四四年十一月七日執行）
宮城与徳　未決拘留中、一九四三年八月二日獄死
水野成　懲役一三年（一九四五年三月二十二日獄死）
船越寿雄　懲役一〇年（一九四五年二月二十七日獄死）

河村好雄　未決拘留中、一九四二年十二月十五日獄死

北林トモ　懲役五年（一九四五年一月服役中危篤、仮釈放後二月九日病死）

エピローグ

ゾルゲはソ連赤軍第四部の諜報員、スパイでした。

ヴケリッチはソ連の情報機関に協力するということで、日本に送られてきました。

そして、日本の政治・軍事に関する情報が、このゾルゲ・グループからモスクワに送られました。

それは事実です。

ゾルゲ事件は、「スパイ」というその言葉だけで葬ることを正当化したような事件です。

冷戦終結以降も、ソ連のスパイは日本に二〇〇人以上いたのではないかと言われています。米国のCIA等の情報機関の人間になれば、人数はもっと多いでしょう。

今日でも「スパイ」と呼ばれる情報機関の人間は、日本で山のように活動しています。

彼らと、彼らと接触のある人物を捕まえて、死刑にすることが正当化されるでしょうか。

日本だけでなくとも、アメリカや英国がロシアのKGB要員（孫崎注：正確にはソ連崩壊後、防諜・犯罪捜査のロシア連邦保安庁〔FSB〕と、対外諜報のロシア対外情報庁〔SVR〕に分離）を、逆に、ロシアがCIA要員とそれぞれの協力者を捕まえて死刑にするでしょうか。

それはありません。

中国が、日本の内閣情報調査室や公安調査庁の協力者を捕まえて、具体的被害を与えていないのに死刑にできるでしょうか。

それはありません。

秘密諜報員の罪を問う時でも、当該国はこの秘密諜報員によって「いかなる害を受けたか」が、まず問われなければなりません。

では、ゾルゲ・グループがソ連に送った情報によって、日本はいかなる被害を受けたでしょうか。

ゾルゲ・グループが送った情報の中で最も重要とされる二つの情報、一つはドイツがソ連を攻めるというもの、今一つは「一九四一年七月二日の御前会議で日本軍はソ連を極東で攻撃することはしないことを決め、これによってソ連極東軍はソ連西部戦線に展開できた」というもので、後者は広く世に伝わっていますが、❶ゾルゲ・グループは「日本軍はソ連を極東で攻撃することはしない」との断定的な情報は、九月になるまで送っていない、日本も大動員をかけ関東軍特種演習を実施し、ソ連が弱体化すれば、侵攻する態勢をとっていた、❷ソ連はモスクワ陥落すら目前に迫り、極東情勢と関係なく、西部方面の防衛に極東軍を展開せざるをえず、ジューコフ元帥（参謀総長）は八月中旬、極東ソ連軍の西部方面への移動を進言しているのであり、ゾルゲ情報は、極東ソ連軍の移動とほとんど関係がありません。

こうして、個々の事例を検証していくと、ゾルゲ・グループの活動によって、具体的被害を日本に与えているものは、ほとんどありません。

したがって、ゾルゲ事件でゾルゲ、尾崎が死刑の執行を受け、ヴケリッチが獄死する、それを正当付けるものはないのです。

では、これらの人たち、ゾルゲ、尾崎、ヴケリッチが死亡しなかったら、彼らはどんな人生を望んでいたでしょうか。歩んだでしょうか。

1：ゾルゲのケース

ゾルゲがソ連でどのように暮らしていたかはほとんど知られてきませんでした。冷戦崩壊後、ロシアから様々の文献が出てきました。『ゾルゲ事件関係外国語文献翻訳集25』は、ガブリーロフ著『ラムゼイの作戦』の「あとがき」で、ソ連時代のゾルゲを記載しています。

それによると、ゾルゲは一九二四年にクリスチアーネ（Christiane Gerlach）とソ連入りし（孫崎注：コレスニコワ著『リヒアルト・ゾルゲ』では、クリスチアーネはモスクワへの同行を拒否と記述）、一九二五年にソ連共産党に入党。コミンテルンの組織部員として働いた後、一九二七年十二月、国際連絡部に移ります。以下、引用します。

●1932年、ゾルゲは上海から（モスクワに）戻ると、クリスチアーネと離婚手続きを取り、1933年初め、エカテリーナ・マクシモワ（孫崎注：愛称カーチャ）との結婚を登録した。（孫崎注：エカテリーナ・マクシモワは元々、ゾルゲのロシア語教師だった。コレスニコワ著『リヒアルト・ゾルゲ』では、「彼女はレニングラードの舞台芸術学校を卒業し、新進の女優として、直ちに注目をあびるようになっていた。イタリアのカプリの舞台に立ったこともあった。だが、このとき、彼女の恋人であった俳優が死んだ。〈中略〉彼女は、舞台生活をやめ、工場で働くことにし、〈中略〉一つの職場の責任者になっていた」と記述している）

●カーチャの姉マクシモワの回想から――2人とも『プチブル的な』様式を軽蔑していた。それで結婚式はとても質素なものだった。

●ゾルゲのエカテリーナ・マクシモワ宛手紙（孫崎注：ゾルゲは一九三三年九月六日に来日）

「君がひとりでどんなに耐えていることだろう、と私はとても心配している…（略）。もし（生まれてくる子が）女の子だったら、君の名前か、Kという文字から始まる名前にしてくれ。（中略）私が君をひとり置き去りにしたことを、彼ら（孫崎注：両親）が怒りませんように。後で君への大きな愛と優しさで全部、償うつもりだ」（孫崎注：この子供は流産する）

●ゾルゲのエカテリーナ・マクシモワ宛手紙（一九三六年）

「君が新しい住居を持てて嬉しい。君と一緒にそこに住めたらと思う…。いつかそのときが来るだろう。（中略）

カーチャ、私は君にお願いがある。もっと君のことを書いてくれ。どんな些細なことでもいい。（中略）毎回手紙と一緒に、私は小包も送っていた。君はそれらの物を使っているか教えてくれ。君は特に何が必要だ？

（中略）

ではまた、ごきげんよう！　もうすぐ君は手紙と私についての報告を受け取るだろう」

●ゾルゲのエカテリーナ・マクシモワ宛手紙（一九三六年十月）

「私はこの手紙と同時に、君に贈り物の入った小包を送る。（中略）

私は元気に暮らしていて、仕事もうまくいっている。孤独さえなかったら、何もかも順調なのだが。でも、これもいつか変わるときが来る。部長が私に約束を果たすと言ったんだ」

●ゾルゲのエカテリーナ・マクシモワ宛手紙（一九三八年）

「私の任務期間のことで、君の期待を裏切ってきたので、もし君がこのひどい生活と永遠の待機を拒否して、決定的な結論を出したとしても、私は驚かない。私は君に腹を立てることはできない。ただ沈黙して、君がまだ私を忘れていないこと、５年間も続いている私たちの夢がついに実現し、ロシアで一緒に暮らせるようになることを願うだけだ」

●赤軍参謀本部第５部長宛（一九三九年六月四日）

「私の当地における活動の全盛期は山を越え、あるいは少なくとも長期にわたっております。（中略）

どうか、カーチャによろしくとお伝え下さい。私はかくも長く、自分の帰宅を待つように告げて彼女を励ましてきたことを、残念に思います」

●ゾルゲ宛のエカテリーナ・マクシモワの手紙（一九四〇年）

「私たちはもう二度と会えないのではないかと考えてしまいます」

一九四一年十月十八日、ゾルゲは日本で逮捕されますが、一九四二年九月四日、エカテリーナ・マクシモワがモスクワで逮捕されます。罪状はイタリアのスパイというものでした。引用を続けます。

●エカテリーナ・マクシモワから姉宛の手紙（一九四三年五月二十一日）

「私は1本の草のように、弱さのため地面にしなだれているのは本当ですが。クラスノヤルスクから120キロメートルの地区に住んで、働くことになるでしょう」

●官憲から、エカテリーナ・マクシモワの家族宛の速達通知（一九四三年）

「シベリアからお知らせいたします。

ムルチンスカヤ病院で治療中でありましたご令嬢カーチャは、1943年7月3日、息を引きとられました」（孫崎注：一九七三年出版のコレスニコワ著『リヒアルト・ゾルゲ』は「マクシモワは疎開先のクラスノヤルスクで死亡し、死因は事故による」と記述しています。つまりこの時点になっても、ソ連では「ゾルゲ事件」は正確に報じられていません）

手紙を見ると、当初ゾルゲはエカテリーナ・マクシモワに、自分はモスクワに帰ると約束しています。しかし、次第にゾルゲのトーンは変わり、一九三八年には、「私の任務期間のことで、君の期待を裏切ってきたので、もし君がこのひどい生活と永遠の待機を拒否して、決定的な結論を出したとしても、私は驚かない」と「関係が切れてもしょうがない」と変化します。一九三七、八年にはゾルゲの上司が次々殺害されており、ゾルゲはモスクワへ帰れば自分も殺害されると判断して、モスクワへ帰ることを断念します。それがマクシモワ宛の手紙に反映されています。

2：尾崎秀実のケース

尾崎秀実の心情を推し量るには、処刑直前に送ったとされる担当弁護士竹内金太郎（たけうちきんたろう）宛ての手紙が、一番適切と思います（『日本の名随筆　別巻17　遺言』一九九二年、作品社刊）。全文を掲載します。

拝啓

昨日はおいそがしいところを貴重な時間を割き御引見下され有難う存じま

した。先生のいつに変らず御元気な御様子をまことに心強く存ぜられました。

さてその際先生より私身、後のことについて御示唆がありましたので、遺言と申す程のことはありませんが、家内へ申し伝えたい言葉を先生までお伝え致しおき、小生死後先生よりお伝え願ったらいかがなものかと、ふと心付きましたのでこの手紙を認めました次第でございます。

実はこれらのことは家内への手紙にも書きましたのですが、どういうものか家へその書信が到着しておりません。或いは事柄があまりに強く響き過ぎますため、家内のものへ与える衝撃を慮っての検閲者の親切心のためかとも存じますが、ともかく私としても気もちよく語れる事柄でもありませんが、用件には違いありませんから申し残したいと存じます。そんなわけでありますから、どうか先生から家内へお伝えの場合も、小生の死後にお願い致し度く存じます。

一、小生屍体引取りの際は、どうせ大往生ではありませんから、死顔など見ないでほしいということ、楊子はその場合連れて来ないこと。

一、屍体は直ちに火葬場に運ぶこと、なるべく小さな骨壺に入れ家に持参し神棚へでもおいておくこと。

一、乏しい所持金のうちから墓地を買うことなど断じて無用たるべきこと。勿論葬式告別式等一切不用のこと（要するに、私としては英子や楊子、並びに真に私を知ってくれる友人達の記憶の中に生き得ればそれで満足なので、形の上で跡をとどめることは少しも望んでおりません）。

勿論こうは申しましても、私は死後まで家人の意志を束縛しようというのではありません、寧ろ私の真意は私には何等特別の要求はありません、どうぞ御随意に皆さんで、というところなのでありますが、ただ参考までに申したというところです。将来平和な時期が来て、我が楊子が一本立ちが立派に出来てその上でお母さんと一緒にお父さんのお墓も作ってやろうということにでもなれば、その時はまた喜んでお墓の中にも入りましょう。ただ疎開だ、避難だという場合には骨壺などまで持ち歩く必要はありませんから、それこそ庭の隅にでも埋めて置いてくれて結構です。――その上に白梅の枝でも植えておいてもらえばこの上ありません。

次に、これは申すまでも無いかと存じますが、英子の行動は今後自由勝手たるべきこと。私は何等特別の注文はありません。

楊子の将来についてもこれまでいろいろのことを空想まじりで希望がましく述べたりしましたが、それも今は何等特別の指示は致しません。今後の諸情勢と楊子自体の希望によって決定さるべきものであり、英子と雖も単に親切な助言者以上の役割を努める以外に、自分の意思を強いても無駄であると知るべきでしょう。

云うまでもありませんが、私の家を存続するとか、尾崎の名を伝えるとかいう気もありませんから、「養子」などのことは毫も特別考慮の必要ありません。

只一つの希望は将来楊子が夫を持つ場合お母さんをも大事にしてくれる人を選んでほしいということだけです。

私が妻子に只一つ大きな声で叫びたいことは、「一切の過去を忘れよ」「過去を棄てよ」ということです。私が昔からそれとなく云いつたえ、ことに過去二年九カ月にわたって何とかして分らせたいと考えて云ったり書いたりしたことはただそれだけだったのです。お金がもはや頼りにならないことは事実が否応なしに教えた筈です。物と雖もやがて同様です。結局それは過去の残骸です。否それればかりでなく、過去の記憶にすら捉われてはならない時です。一切を棄て切って勇ましく奮い立つもののみ将来に向って生き得るのだということをほんとに腹から知ってもらいたいというのです。

家内は私の行動があまりに突飛であり自分のことを思わないばかりでなく、妻子の幸福を全然念頭に置かない残酷な行動だったと恨んでいることが手紙の中などからよくうかがわれます。無理からぬことと思います。（家内はもともと消極的な女で実につつましい片隅の家庭生活の幸福だけを私に望んでいたので、所謂私の世間的な出世や華々しい成功などは寧ろ嫌っているのでありました。）

だが私には迫り来る時代の姿があまりにもはっきり見えているので、どうしても自分や家庭のことに特別な考慮を払う余裕が無かったのです。というよりもそんなことを考えたとて無駄だ、一途に時代に身を挺して生き抜くことのうちに自分もまた家族たちも大きく生かされることもあろうと真実考えたのでありました。（ここは誠に説明のむつかしいところです。結局「冷暖自知」してもらうより他はないと思います。私はこのころ、真実のことを云おうとすればする程、言葉というものが如何に不完全なものかということを感じて来ました。評論や記事などを書く場合にだけしか言葉というものは役に立たないものだと思いました。）

私の最後の言葉をも一度繰り返したい。「大きく眼を開いてこの時代を見よ」と。真に時代を洞見するならば、もはや人を羨む必要もなく、また我が家の不幸を嘆くにも当らないであろう。時代を見、時代の理解に徹して行ってくれることは、私の心に最も近づいてくれる所以（ゆえん）なのだ、これこそは私に対する最大の供養であると、どうぞお伝え下さい。

この私の切なる叫びが幾分でも妻子の心にとどくならば私は以て瞑します。これ以上何の喜びがありましょう。（このこともまた私の死後機会を見て先生からよく了解の行くようにお話し下さい。今いえばただ私の身勝手に過ぎず、妻子をいたずらにつき放して一人うそぶいているように思われるおそれがありますから。）

そうはいうものの私は心から妻に対して感謝しております。そうして「心からお気の毒であったと思っている」とお伝え下さい。一徹な理想家というものと、たまたま地上で縁を結んだ不幸だとあきらめてもらう他ありません。

平野検事のお心づくしも有難う存じました。先生からどうぞよろしくお伝え下さい。なお同検事は御存知のことと存じますが、私は目下ここの所長さんの御好意によって自由な感想録を書かしていただいています。これは門外永久不出で単に所長さんにだけ読んでいただく、それも私の生前にはお目にかけないということにして御諒解を願っております。従ってそれはただ私のたのしみのために書いているようなものであります。いわば大波の来る前に砂浜の上に書いた文字のようなものであります。

ただ私の態度は湖水の静かな水のようにその上を去来する白雲や時には乱雲や鳥の影や、また樹影やらを去来のままに映し来り映し去って行きたいと思っています。世界観あり、哲学あり、宗教観あり、文芸批評あり、時評あり、慨世あり、経綸あり、論策あり、身辺雑感あり、過去の追憶あり、といった有様で、よく読んでいただけば何かの参考にはなろうかと思っております。併しもとよりそれを目的に書いているのではありません。ただこれは先生に私がこんなものを物しているということだけを知っておいていただきたいと存じたまでであります。時世のことについては最早何事も申しません。ただ小生の胸中お察し下さい。

国家のため先生のご自愛のほど祈る念ますます切なるものがあります。

堀川先生はじめ皆様へよろしくお伝え下さい。

昭和十九年七月二十六日　　尾崎秀実

頓首再拝

「遺言」では娘、楊子への配慮が溢れています。文中に「只一つの希望は将来楊子が夫を持つ場合お母さんをも大事にしてくれる人を選んでほしいということだけです。」とありました。

楊子さんはどのような人と結婚されたでしょうか。それは今井清一氏です。氏の経歴を簡単に紹介しますと、第一高等学校を経て、東京帝大法学部を一九四五年九月卒業、同大学院修了後、横浜市立大学教授、湘南国際女子短期大学教授を歴任。丸山眞男に学び、一九五五年、藤原彰・遠山茂樹との共著『昭和史』は亀井勝一郎らとの「昭和史論争」を起こしました。二〇一〇年、第十六回横浜文学賞、二〇一三年には神奈川文化賞を受賞しています。

3：ブランコ・ヴケリッチのケース

ヴケリッチは一九四〇年一月山崎淑子と結婚し、一九四一年三月、息子の洋が誕生します。

一九四一年十月十八日に逮捕され、一九四四年四月、無期懲役の判決が大審院で確定。同年七月下旬頃、網走(あばしり)刑務所へ移送されます。長い収監生活で体力は落ち一九四五年一月十三日、急性肺炎で獄死しました。

ヴケリッチの逮捕後、妻淑子との間で文通がなされ、ブランコからの全一五九通と妻淑子からの八八通（抜粋）の往復書簡を収録したのが、第二章でも紹介した『ブランコ・ヴケリッチ　獄中からの手紙』です。次にヴケリッチの最後の手紙を抜粋して掲載します（日本語で書かれています）。

ブランコから淑子へ（封緘）
消印一九四五年一月八日
日付なし（一二月二四日第四日曜）
手紙が遅れましてすみませんでした。（中略）坊やのお手紙もいただき

ました（孫崎注＝十二月十八日付淑子からの手紙に追記「パパ　オゲンキデスカ

ボクイイコデス　ヒロシ」）、もちろん非常に喜びましたね。

貴女達の緊張した生活にはどんなに感心もし、心配もしておりますか想像してくれるでしょう。貴女を愛する私どものためお大事にして下さい。書かれた通り精神の力でも沢山できますね。（中略）

お手紙大体よく読めるが、ひまが少くてできるだけハッキリ書いて下さいね（今のスタイルでも）。いつか一日の生活を朝から夕まで貴女の知っている面白い風にかいて下さい。（中略）

坊やの教育を本当に困難な条件のもとによくやって下さるね。あの一人言の習慣も矢張り不安定、度々住いをかわったり、なれた人に別れたりした結果ね。また、運動の不足――これは子供の相手のない結果でしょう。とにかく悪い習慣ではあるね。直してみて下さいね。

坊やの才能は――親ばかながら申す――実際有之らしい。また、私の子供の時画いた絵にはとっても似てはいますが、しかし、ずーとパパより上手で面白いよ。（中略）

ところで、坊やの柔弱な性質に対してだが、それは仕事に対する無関心或いは不愉快にならない限り大した事ないから、先ずチャンとした仕事の習慣を教え込んで下さいね。しかし余り子供時代の遊びの仙境をも犯さず……（中略）

私の健康についてはさほど心配しなくてもいいよ。最近一カ月ほども再発なくもくらしたし、すぐなおるし、また一方寒さには意外にもよくたえます（ただ字がいつもより下手になるね）。来年の面会は人間の見込みではまだ無事でできるよ！（中略）

貴女自分の健康についてもう少しくわしく報告して下さい、一ぺん診察受けてね。また、坊やと一緒にうつした写真一枚送って下さい。（中略）

これは日本にとってもまた全世界の万民にも歴史上一番重大な、辛い苦しい正月であろう。また私どもの無邪気な坊やまでもね。そう覚えばまたも力が出るね。坊やにお手紙がどんなに喜ばしたかよく説明して下さい。体をお大事にね。

此方も精神を一層張ってやるから。では

パパ

坊や達の

ヒロシ　ノ　オテガミ　ドウモ　アリガトウ　パパモ　ヒロシ　ガ　ダイ

スキ　ヨ　マタ　オテガミ　オクッテネ　パパ

この最後の手紙は、彼の死亡を知らせる刑務所からの電報が届いた二、三日後に届いたとのことです。

私は、ここで、この本を終わりたいと思いました。

しかし、あまりに悲しいので、もう一遍付け加えます。

消印一一月八日

ブランコから淑子へ（封緘）　日付一一月六日（土）

（前略）出世の道は二つあるね。一つはもとより立派な職位に就いて自ら「体面」をよくするのでしょう。それは大体出身などの関係ですから別に偉いこともなかろう。

も一つはなんでもつまらなそうな仕事でも引受けて、人の意外とするほど立派なことに改めることでしょう。例えば世の中で一番上手な女中さんにでもなることね。（中略）

また、奉公の道も二つある。一つは仕事をできるだけ忙がしそうに、せわしそうにやって、自分を欠くべからざる者にしたてるのです。も一つは、仕事を合理化して簡単にして、できるだけ手要らずにして自分をさえついに無用にすることでしょう。この後者は社会にとってはずーっと利益になるから偉いでしょうと思います。（後略）

「坊や、ヒロシ」、すなわち山崎洋氏は、一九六三年に慶應義塾大学を卒業後、ベオグラード大学に留学、ベオグラード大学言語学部日本語学科で教鞭を執り、『セルビア語常用6000語』（二〇〇一年、大学書林刊）を編集し、『サラエボの鐘』（イヴォ・アンドリッチ著、一九九七年、恒文社刊）、『南瓜の花が咲いたとき』（ドラゴスラヴ・ミハイロヴィッチ著、二〇〇五年、未知谷刊）等、数々の翻訳作品を出版しました。

（了）

『ブランコ・ヴケリッチ　獄中からの手紙』
(山崎淑子編著)2005年　未知谷　184,201,399
ギラン『ゾルゲの時代』
1980　中央公論社　31,317,375
グルー『滞日十年』
1948　毎日新聞社（2011　ちくま学芸文庫）48,214,286
ゲオルギエフ
『リヒアルト・ゾルゲ　第二次大戦の秘録』
(『ゾルゲ事件関係外国語文献翻訳集31』2011　日露歴史研究センター事務局所収）224,365
コレスニコワ、コレスニコフ
『リヒアルト・ゾルゲ―悲劇の諜報員』
1973　朝日新聞社　55,205,256,386,387,390
シャーウッド『ルーズヴェルトとホプキンズ』
1957　みすず書房（2015　未知谷）289,303
ジューコフ『ジューコフ元帥回想録』
1970　朝日新聞社　207,301,324
スティーヴンスン『暗号名イントレピッド』
1978　早川書房　346
ダニロフ『ロシアの歴史』
2011　明石書店　277
チャーチル『第二次大戦回顧録』
1951　毎日新聞社　213,328,338
ディーキン、ストーリィ『ゾルゲ追跡』
1967　筑摩書房(2003　岩波現代新書）18,256,367
ニューマン『グッバイ・ジャパン』
1993　朝日新聞社　190,191,196,199,237
プランゲ『ゾルゲ　東京を狙え』
1985　原書房　222,236
ワイマント『ゾルゲ　引裂かれたスパイ』
2003　新潮文庫　222
毎日新聞社図書編集部訳・編
『太平洋戦争秘史』
1965　毎日新聞社　335

〈論文集〉

『ゾルゲ事件関係外国語文献翻訳集6』
(日露歴史研究センター事務局刊、以下同)
「『ゾルゲ諜報者説』の狙いと論拠について」315
『ゾルゲ事件関係外国語文献翻訳集12』
「リヒアルト・ゾルゲに関する記録文書に基づく結論」228
『ゾルゲ事件関係外国語文献翻訳集16』
赤軍参謀本部長宛電報　203
サハロフ
「もしスターリンがゾルゲを信じたなら」203
『ゾルゲ事件関係外国語文献翻訳集25』
ガブリーロフ「ラムゼイの作戦」386
『ゾルゲ事件関係外国語文献翻訳集27』
1941年5月2日付暗号電報　201
ディミトロフの日記(1941年6月21日付）218
『ゾルゲ事件関係外国語文献翻訳集31』
「吉河光貞元検事が語る『ゾルゲ事件』の真相（下)」39
ゲオルギエフ「リヒアルト・ゾルゲ第二次大戦の秘録」224,365

佐藤賢了『大東亜戦争回顧録』
1966　徳間書店　125
白井久也『未完のゾルゲ事件』
1994　恒文社　140,143
杉本幹夫「ゾルゲ事件と大東亜戦争」
（『歴史と教育』2006年11月号所収）
59
瀬島龍三『大東亜戦争の実相』
1998　PHP研究所　49,211
高野孟「（ブログ）高野孟の遊戯自在録」
2010年9月24日　179
田中陽児、倉持俊一、和田春樹『ロシア史3』
1997　山川出版社　216
田中隆吉『裁かれる歴史―敗戦秘話』
1948　新風社　52
中西功「尾崎秀実論」（『回想の尾崎秀実』1979　勁草書房所収）　8,88,103,356
夏目漱石『それから』　15
野坂参三『風雪のあゆみ』
新日本出版社　140,141
服部卓四郎『大東亜戦争全史第1巻』
1953　鱒書房　50
原彬久編『岸信介証言録』
2003　毎日新聞社（2014　中公文庫）
173
東久邇稔彦『一皇族の戦争日記』
1957　日本週報社　48
防衛庁防衛研修所戦史室編集
『戦史叢書　関東軍〈2〉関特演・終戦時の対ソ戦』
1969　朝雲新聞社　212,284
保阪正康『昭和史七つの謎 Part2』
2005　講談社文庫　54,63
星野直樹「憲兵司令官　東條英機」
（「文藝春秋　風雲人物読本」
1955年6月号所収）　76
孫崎享『日本外交現場からの証言』
1993　中公新書（2015創元社から再刊）　351
松本重治『近衛時代（下）』
1987　中公新書　244
松本清張「革命を売る男・伊藤律」
（『日本の黒い霧』1960　文藝春秋所収）　113,160,362
丸谷才一『笹まくら』
1966　河出書房新社　180
宮下弘『特高の回想―ある時代の証言』
1978　田畑書店　97,98,102,107,262
森正蔵『風雪の碑』
1946　鱒書房　61
矢部貞治『近衛文麿（下）』
1952　弘文堂　119,129,130,133
山村八郎（中村絹次郎）
『ソ連はすべてを知つていた』
1949　紅林社　104
吉河光貞「吉河光貞元検事が語る『ゾルゲ事件』の真相（下）」
（『ゾルゲ事件関係外国語文献翻訳集31』
2011　日露歴史研究センター事務局刊所収）　39
渡部富哉
『偽りの烙印―伊藤律・スパイ説の崩壊』
1993　五月書房　46,101,104,257
渡部富哉「（ネットサイト）ちきゅう座」
257,262

〈外国人の著作・論文〉

ウィロビー
『赤色スパイ団の全貌―ゾルゲ事件』
1953　東西南北社　10,12,31,96,112,150,159,161,265,272,310
ヴケリッチ
『ブランコ・ヴケリッチ　日本からの手紙―ポリティカ紙掲載記事　1933―1940』
2007　未知谷　28
ヴケリッチ

主な参考文献・引用文献一覧、及び本書掲載ページ

〈資料集〉

『井川忠雄　日米交渉史料』
1982　山川出版社　248

『現代史資料1　ゾルゲ事件1』
1962　みすず書房　40
内務省警保局保安課「ゾルゲを中心とせる国際諜報団事件」　40,89,94,117,152,255,305,361
ゾルゲの吉河検事への陳述　204,293

『現代史資料2　ゾルゲ事件2』
1962　みすず書房
尾崎秀実の手記　227,253
人定訊問調書　258,262,268

『現代史資料3　ゾルゲ事件3』
1962　みすず書房
西園寺公一の訊問調書　307
クラウゼンの供述　359

『現代史資料24　ゾルゲ事件4』
1971　みすず書房　232
国際諜報団事件に対する意嚮に就いて　89

『米国公文書ゾルゲ事件資料集』
2007　社会評論社
吉河光貞の証言　60

参謀本部編『杉山メモ　参謀本部編』
1989　原書房　282

〈日本人の著作・論文〉

秋山要「国防保安法の施行」
（日本放送協會「国策放送」1941年7月1日号所収）　85

石井花子『人間ゾルゲ』
1949　日新書店　4,10,11,137

伊藤三郎『開戦前夜の「グッバイ・ジャパン」』
2010　現代企画室　194,196,198,242

江藤淳『閉された言語空間』
1994　文春文庫　12

NHK取材班『国際スパイ ゾルゲの真実』
1992　角川書店　4,231,234,256,273,306,311

太田耐造「改正された治安維持法について」
（日本放送協會「国策放送」1941年5月1日号所収）　87

太田耐造追想録刊行会『太田耐造追想録』
1972（非売品）　82,85,109,369,379

大谷敬二郎『昭和憲兵史』
1966　みすず書房　71,101

大橋秀雄『真相ゾルゲ事件』
1977（非売品）　4,9,12,13,93,98,266,267,268,269,297

松橋忠光・大橋秀雄『ゾルゲとの約束を果たす』
1988　オリジン出版センター　267,268

荻野富士夫『思想検事』
2000　岩波新書　177

尾崎秀樹『ゾルゲ事件』
1963　中公新書　254

尾崎秀実『愛情はふる星のごとく』
1948　世界評論社　10,254

尾崎秀実『ゾルゲ事件　上申書』
2003　岩波現代文庫　150

尾崎秀実「竹内弁護人宛書簡」
（『日本の名随筆別巻17　遺言』1992　作品社所収）　391

木戸幸一『木戸幸一日記』
1966　東京大学出版会　65

警視庁「検挙人旬報」（1943年3月）　260

西園寺公一『過ぎ去りし、昭和』
1991　アイペックプレス　309,371

酒井三郎『昭和研究会』
1979　ティビーエス・ブリタニカ　62

佐藤賢了『東條英機と太平洋戦争』
1960　文藝春秋社　51

〈マ〉

〈ラ〉

〈ワ〉

〈タ〉

〈ナ〉

〈ハ〉

〈カ〉

〈サ〉

〈な〉

〈は〉

〈さ〉

〈た〉

ゾルゲ事件の正体　主な人物索引

[日本人（翻訳書訳者を除く）]

〈あ〉

〈か〉

本書は、2017年7月、小社から単行本で刊行された
『日米開戦へのスパイ』を改題し、文庫化したものです。

祥伝社文庫

ゾルゲ事件の正体
日米開戦とスパイ

令和4年7月20日　初版第1刷発行

著　者　孫崎　享
発行者　辻 浩明
発行所　祥伝社
〒101－8701
東京都千代田区神田神保町3－3
電話　03（3265）2084（編集部）
電話　03（3265）2081（販売部）
電話　03（3265）3622（業務部）
http://www.shodensha.co.jp/
印刷所　堀内印刷
製本所　積信堂

Printed in Japan　© 2022, Ukeru Magosaki　ISBN978-4-396-31825-3 C0120